BIBLIOTHÈQUE

RELIGIEUSE, MORALE, LITTÉRAIRE,

POUR L'ENFANCE ET LA JEUNESSE

PUBLIÉE AVEC APPROBATION

DE S. E. LE CARDINAL-ARCHEVÊQUE DE BORDEAUX.

R.

LES

SOIRÉES D'UNE FAMILLE

ENTRETIENS

SUR LES BEAUTÉS NATURELLES

RÉPANDUES SUR LE GLOBE.

PAR ANTOINE.

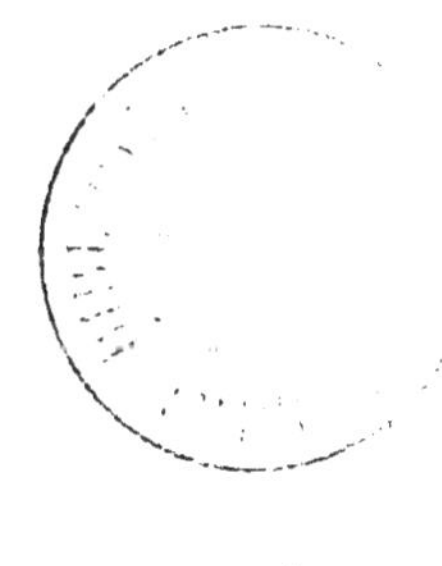

LIBRAIRIE DES BONS LIVRES.

LIMOGES

CHEZ MARTIAL ARDANT FRÈRES,

rue des Taules.

PARIS

CHEZ MARTIAL ARDANT FRÈRES,

quai des Augustins, 25.

1858

LES

SOIRÉES D'UNE FAMILLE.

PREMIER ENTRETIEN.

ARBRES, PLANTES

M. VALMONT.

Il n'est peut-être rien de plus digne d'admiration dans les merveilles infinies dont Dieu a environné l'homme que les prodiges du règne végétal. Le cèdre tient le premier rang parmi les végétaux les plus considérables. Les cèdres du mont Liban forment sur cette montagne un bois d'environ un mille de circuit (à peu près un tiers de lieue). Le voyageur Pockoke mesura le plus rond de ces arbres ; il avait vingt-quatre pieds de circonférence : un autre, dont le tronc était d'une figure triangulaire, avait douze pieds sur chaque face, ce qui fait en tout trente-six pieds de circonférence. Le P. Goujon, dans son *Voyage de Palestine*, dit qu'il en a compté dix-huit qui subsistent, suivant la tradition du pays, depuis le règne de Salomon. Cette tradition paraît exacte, quoique, en général, les choses extraordinaires soient exagérées dans les vieilles traditions de pays. Les chrétiens des environs ont construit des autels au pied de ces gros arbres ; ils s'y rendent le jour de la Transfiguration, pour célébrer la fête.

Après le cèdre du Liban, qui est l'arbre le plus majestueux, je dois vous parler du *baobab*. Cet arbre est parmi les plantes ce que l'éléphant est parmi les animaux. Son tronc n'est pas très haut, mais il est d'une grosseur qui en fait une espèce de prodige : il y en a qui ont jusqu'à vingt-cinq pieds de diamètre. Les premières branches s'étendent presque horizontalement ; et, comme elles sont très grosses et qu'elles ont jusqu'à soixante pieds de largeur, leur propre poids en fait plier l'extrémité jusqu'à terre, de manière que la tête de l'arbre, assez régulièrement arrondie, cache absolument son tronc, et paraît une énorme masse de verdure à demi-ronde : cette masse a quelquefois cent cinquante à cent soixante pieds d'une extrémité à l'autre. Ces arbres, originaires d'Afrique, peuvent, dit-on, subsister trois ou quatre mille ans.

ÉMILE.

Ces arbres produisent-ils des fruits?

M. VALMONT.

Oui; mais ils ne sont d'aucune utilité. Ainsi le baobab n'attire les regards et l'attention de l'homme que par l'espace qu'il occupe sur la terre. Sans doute ils ont une utilité; mais Dieu seul la connaît parfaitement. Les nègres font un singulier usage de ces arbres. Lorsqu'ils commencent à se carier, ils achèvent de les creuser; ils y pratiquent des espèces de petites chambres dans lesquelles ils suspendent les cadavres de ceux auxquels ils ne veulent pas accorder les honneurs de la sépulture, tels que leurs jongleurs, qu'ils méprisent parce qu'ils réputent comme vile leur profession. Ces cadavres s'y dessèchent parfaitement, et y deviennent de véritables momies sans aucune autre préparation.

Mais un arbre qui est un véritable bienfait de la nature par sa prodigieuse utilité, c'est le *cocotier*. Un voyageur traversait un des déserts de l'Afrique : la faim et la soif le tourmentaient, il se hâtait d'arriver à un bois de palmiers-cocotiers qu'il apercevait au loin : il espérait y trouver de quoi apaiser les deux besoins qui le pressaient. Le voilà arrivé. Il souffre déjà moins en entrant sous l'ombrage de ces arbres; mais, pour comble de bonheur, il aperçoit une cabane dans ces lieux solitaires : il s'y dirige. L'hôte de ce désert le reçoit avec bonté, et le fait entrer. Je n'ai, dit-il, à vous offrir en ce moment que les productions de ces lieux. En même temps il lui présente de cette eau aigrelette et parfumée qui se trouve dans le jeune coco ; le voyageur la boit avec délices. Mais quel était le vase qui contenait cette liqueur rafraîchissante ? la noix même du coco. Sa forme, toute naturelle, était aussi agréable que commode, et l'on eût dit qu'un peintre habile en avait peint et verni l'extérieur.

Le solitaire fait reposer son hôte sur une natte fort douce et fort propre ; elle avait été fabriquée avec les filaments déliés des feuilles : on en voyait de semblables sur les murs de la cabane.

Le dîner ne se fit pas beaucoup attendre. Le solitaire avait du feu dans sa demeure ; il fit cuire un chou de cocotier sous les cendres brûlantes, il le servit ensuite sur une large feuille du même arbre ; cette feuille tint en même temps lieu de nappe et de plat : dans un désert, on fait comme l'on peut. On donna pour sauce de l'eau de la noix, et du vinaigre aussi fourni par le cocotier. Le vin ne manqua point ; un vin doux, parfumé, et très propre à rafraîchir la bouche desséchée du voyageur qui a traversé les sables arides. Pour obtenir cette liqueur bienfaisante, on monte le long du tronc des cocotiers, on coupe l'extrémité de cette grande enveloppe où sont contenues les fleurs ; il en coule une liqueur blanche que l'on recueille avec soin dans des pots attachés à chacune de ces enveloppes : c'est là le vin du cocotier ; il n'est bon que le premier jour ; le lendemain, c'est du vinaigre qui a encore son utilité. Si l'on veut se donner la peine de le distiller, il en résulte une liqueur spiritueuse qu'on nomme *rack;* on retire ensuite un second suc non spiritueux, qui, par l'évaporation, donne un sucre noir. Vous pensez bien que les enveloppes que l'on a traitées ainsi ne donnent point de fruit, parce que la liqueur qui devait former le coco est épuisée.

Pour tenir lieu de pain, on servit une amande sèche. On varia les mets; les feuilles tendres d'un autre chou furent accommodées en salade avec de l'huile et du vinaigre venant toujours de la même source : le solitaire avait ses provisions d'avance.

Le voyageur lui marqua son étonnement de ce qu'il savait tirer tant de parti du cocotier. « Bon ! répliqua-t-il, ma nourriture n'est que la moitié des bienfaits que Dieu m'accorde par cet arbre précieux. Veuillez regarder autour de nous : le bois dont est construite cette cabane est tiré du tronc des cocotiers ; la couverture est composée de leurs feuilles tressées ; comme je manquais de clous, j'ai attaché les morceaux de la charpente avec de fortes cordes de cette espèce de bourre ou filasse naturelle qui entoure la noix. Mes habits viennent du même endroit ; cette natte fine qui entoure mes reins est fabriquée avec la matière que j'emploie pour faire mes cordes et mes ficelles. Cette grande feuille que vous voyez là me sert d'abri contre les ardeurs du soleil, et me garantit de la pluie pendant la mauvaise saison. Ce réseau qui pend à la muraille, et qui me sert à filtrer l'eau, est un tamis naturel qui se trouve à la partie de l'arbre d'où sortent les branches feuillées ; je n'ai que la peine de l'enlever. Enfin, la Providence, qui prodigue à ses trop ingrates créatures tout ce qui est utile, a voulu que le cocotier, qui seul peut fournir aux premiers besoins de l'homme, donnât ses fruits deux ou trois fois chaque année : remercions-la pour le repas qu'elle vient de nous apprêter dans ce désert. »

Ils se mirent en prières ; puis la nuit vint. Le solitaire alluma sa lampe ; c'était une coquille de coco, et la mèche était faite de la bourre qui l'avait entourée. Pour prendre le repos de la nuit, on se coucha sur une natte de feuilles. Au matin, le solitaire prépara pour le voyageur un vase de lait d'amandes, dans lequel il fit dissoudre un peu de ce sucre noir dont je vous ai parlé. « Pendant que vous déjeunerez, lui dit-il, je vais écrire une lettre que je vous prierai de remettre à un de mes frères qui demeure dans la ville où vous vous rendez. » Comme il n'avait point de papier, il prit un morceau de feuille sèche, il écrivit dessus avec facilité, et n'omit rien de ce qu'il avait à dire. Le voyageur partit ensuite, remerciant l'industrieux solitaire de sa bienveillante hospitalité, et admirant les innombrables ressources de la Providence divine.

CÉLESTE.

En effet, le cocotier est vraiment un arbre admirable !

M. VALMONT.

Dans les Indes, le figuier jette de fort grandes

branches, dont les plus basses se courbent tellement sur la terre qu'elles s'y enfoncent et prennent racine dans l'espace d'un an; de sorte que ces jeunes provins, placés en rond à l'entour du tronc principal, forment une voûte ou arcade du coup d'œil le plus agréable, tant au dehors qu'au dedans. Les bergers se tiennent l'été dans cette enceinte qui, indépendamment de l'ombre qu'elle leur procure, leur sert aussi de retranchement pour leur sûreté. Les branches supérieures du figuier-mère se portent vers le haut, et font une petite forêt. Les principaux de ces arbres ont jusqu'à soixante pas de tour; ils firent l'admiration d'Alexandre le Grand lorsqu'il entra vainqueur dans les Indes.

Dans les montagnes de la Jamaïque, il y a le *lagetto*, arbrisseau dont les feuilles ressemblent à celles du laurier. L'écorce extérieure est dure et brune. Ce qu'il offre de surprenant, c'est que l'écorce intérieure est composée de douze ou quatorze couches qu'on sépare très facilement en autant de pièces de toile ou d'étoffe. La première de ces couches, qui vient après la grosse écorce, forme un drap assez épais pour faire des habits; les suivantes ressemblent à du linge, et servent à faire des chemises. Les écorces intérieures des plus petites branches sont autant de gazes et de dentelles très fines, et s'étendent et se resserrent ainsi qu'un réseau de soie. Dans les Antilles, on emploie cette écorce par curiosité; on en fait des cocardes, des manchettes, des voiles, des garnitures de robes. Pour les blanchir, il suffit de les agiter dans l'eau de savon. Le chevalier Sloane dit, dans ses *Mémoires,* que Charles II, roi de la Grande-Bretagne, se parait souvent d'une cravatte de dentelle de lagetto, dont on lui avait fait présent. Je vous montrerai un fichu de cette espèce au cabinet d'histoire naturelle du Jardin des Plantes.

Le fruit de *l'arbre à suif,* qui croit naturellement à la Chine, étant broyé, forme une pâte avec laquelle on fait de bonnes chandelles. Je vous ferai voir des bougies provenant du fruit du *cirier,* arbre de l'Amérique.

Si je voulais vous entretenir de tous les arbres d'une merveilleuse utilité, je vous citerais le *palmier-dattier,* *l'arbre à pain,* le *shéa* ou *l'arbre à beurre,* le *savonnier,* etc.: mais je ne veux vous parler maintenant que des arbres devenus curieux par une végétation extraordinaire. et, pour ainsi dire, hors des lois générales de la nature.

Vous avez admiré parfois les platanes du jardin des Plantes : au milieu des ruines du vieux monastère New-Albey, dans le comté de Galloway, en Écosse, on voit un arbre de cette espèce qui est un phénomène de végétation ; car il est venu sur un mur fait de pierre et de chaux. Comme, en position, il était peu à portée de se procurer autant de sucs nourriciers qu'il en avait besoin, il a poussé en plein air des racines qui se sont dirigées de haut en bas le long du mur, lequel a dix pieds d'élévation. Elles ont mis plusieurs années avant d'arriver jusqu'à terre; pendant tout ce temps, elles ont vécu, ainsi que l'arbre, de l'humidité que pouvait

leur fournir le mur et l'atmosphère. A la fin, ces
racines s'enfoncèrent dans la terre, et depuis ce
moment elles ont mis l'arbre en état de croître avec
vigueur, car il n'a pas moins de quarante pieds de
hauteur.

Les premiers platanes qui furent plantés à Rome
parurent si beaux, qu'on exigea pendant longtemps
un rétribution de la part de tous ceux qui venaient
s'asseoir à leur ombrage ; la fureur d'en planter devint même si grande que, pour les faire pousser plus
vite, plusieurs particuliers, au rapport de Pline, es-
sayèrent d'en arroser les racines avec du vin. Il y
avait aux environs de Vélétri un platane surprenant,
dont quelques branches étaient disposées en plancher,
tandis que d'autres pouvaient servir de bancs ; ce
qui formait une espèce de salle. L'empereur Caligula
y donna un festin à quinze personnes ; non-seulement tous les convives étaient à l'aise, mais encore il y avait assez de place pour que les officiers
pussent faire librement le service. L'empereur appela ce repas le *festin du nid*, parce qu'il l'avait
donné sur un arbre.

ÉMILE.

Cela devait être bien curieux à voir !

M. VALMONT.

Eh bien, mes enfants, remplissez exactement tous
vos devoirs cette semaine, et dimanche prochain je
vous ferai dîner dans un arbre.

CÉLESTE.

Comme l'empereur Caligula ?

M. VALMONT.

Absolument comme lui. A Montmartre, il existe, dans le jardin d'un traiteur, un poirier qu'on a appelé le *poirier sans pareil;* ses branches sont si étendues et forment un tel espace au milieu, qu'on y a établi un plancher : j'y ai vu trente-deux personnes à table. On se trouve là comme dans une salle de verdure ; et, dans la saison des fruits, de très belles poires couronnent la tête des convives.

ÉMILE.

Oh ! certes, je ferai tout ce qui dépendra de moi pour que tu sois content, afin d'avoir le plaisir de dîner dans cet arbre.

M. VALMONT.

Je pourrai aussi vous conduire à Grand-Mesnil, à sept lieues de Paris. Vous y verrez un charme qui a cent quarante ans, et dont les branches, sans aucun secours étranger, portent, entourent, ombragent de leur verdure une salle qui renferme une table de vingt couverts, avec les buffets et l'espace circulaire nécessaire à la facilité du service.

Continuons notre lecture. Pline fait mention d'un autre platane célèbre en Lycie. Cet arbre, d'une grosseur prodigieuse, était creux ; on le nommait la *Grotte végétante;* on y voyait des bancs de mousse sur lesquels se reposaient les voyageurs ; la cime ombrageait un vaste terrain. Le consul Mucianus étant gouverneur de cette province, donna un repas à dix-huit personnes dans l'intérieur de cet arbre.

CÉLESTE.

Ce platane est encore plus curieux que celui de Caligula.

M. VALMONT.

La quatrième livraison du grand ouvrage sur l'Egypte fait mention d'un sycomore qui se trouve sur la place du Caire, appelée El Ezbekieh, et qui couvre par son ombrage un espace de trente mètres. Son bois passe pour être incorruptible : il est de fait qu'il se conserve très longtemps, et que nous possédons des morceaux de ce bois sculptés par les anciens Egyptiens depuis trente siècles, et qui sont encore intacts.

En Angleterre, dans la province de Northampton, il y a un chêne qu'on nomme le *chêne du roi Etienne;* c'est peut-être l'arbre le plus prodigieux de cette espèce qu'il y ait sur la terre, par la grosseur de son tronc et la hauteur de sa tige, par l'étendue de ses branches et l'épaisseur de son feuillage : il peut couvrir de son ombre plus de quatre mille personnes.

ÉMILE.

Quatre mille personnes !

M. VALMONT.

On assure que ce chêne a plus de six cents ans ; et je le crois, d'après sa dénomination de *chêne du roi Etienne,* laquelle semble supposer qu'il existait du temps de ce prince, qui vivait en 1140. Dans le même royaume, on a vu un orme creux qui servit longtemps d'habitation à une pauvre femme, qui s'y retira d'abord pour y trouver un abri pendant une nuit.

Il y avait à Strasbourg un arbre qu'on appelait l'*arbre vert;* il a donné son nom à la promenade où il se trouvait placé. On pouvait dresser à son ombre plus de **vingt** tables de quatre couverts chacune : cent personnes environ pouvaient donc tenir commodément à table sous cette espèce de tente naturelle. Dans les fêtes publiques, on étayait les premières branches de cet arbre, sur lesquelles on établissait un plancher; et j'ai vu les Strasbourgeoises valser dans cette salle d'une nouvelle espèce. Je vous mènerai aussi à Saint-Gratien; dans ces lieux honorés par le souvenir de Catinat, nous visiterons un arbre qu'on y conserve précieusement, et sous lequel venait chaque matin s'asseoir cet illustre guerrier.

Rey raconte, dans son *Histoire des Plantes,* que l'on voyait de son temps, en Westphalie, un chêne d'une grosseur prodigieuse, qui était creux, et où l'on faisait monter par l'intérieur un soldat que l'on y plaçait en faction comme dans une tourelle.

CÉLESTE.

Il est bien singulier de voir un arbre servir comme de donjon d'une citadelle.

M. VALMONT.

On en a vu servir de chapelle. Il y avait en France le *chêne d'Allonville,* dont le tronc formait une grotte spacieuse. On y voyait une chapelle où un ermite disait la messe, et qui pouvait contenir deux personnes , outre le célébrant et celui qui répondait. Au-dessus du tronc, ce chêne avait jeté des branches très étendues , et l'ermite s'était construit là une chambre qui contenait un lit, une table et deux chaises. A Pontoise , on voit un mûrier fameux, dans l'intérieur duquel on a construit une cabane à quatre étages.

Le P. Joseph Romain , dans son *Histoire de la Franche-Comté*, parle d'un sapin extraordinaire du bois de Gillié, près de Morteau. « Cet arbre, dit-il, l'un des plus gros de la forêt, s'élève d'abord jusqu'à la hauteur de trente pieds ; ensuite il se partage en sept branches , chacune desquelles est comme le tronc d'un sapin de grosseur médiocre. Dans le lieu de leur naissance ou de leur division, il a crû un arbre d'une autre espèce, d'un pouce de diamètre à peu près : il s'élève de fort bonne grâce , à mesure que l'écart des branches lui donne plus de liberté. » Il existe dans le parc de la ménagerie de Berlin un chêne creux que le peuple révère comme un arbre sacré. Un brigand y avait établi sa demeure ; il sortait de cette retraite pour attaquer et dépouiller les passants : depuis le mois de novembre 1812, le malfaiteur n'y est plus , mais l'arbre y est toujours.

Dans le village de Fouillebec, département de l'Eure, on voit un if dont le tronc a vingt-un pieds de pourtour ; sa grosseur prodigieuse et sa solidité extraordinaire suffisent pour soutenir le chœur d'une église à laquelle il est adossé, et qui s'écroulerait dans un profond ravin si l'arbre ne lui servait pas d'appui. Sur la route de Honfleur on voit, à côté d'un moulin, un osier ayant près de neuf pieds de contour, trente-un pieds de tige jusqu'aux branches, et environ cinquante-six pieds avec le couronnement.

L'été prochain nous devons aller à Villers-Cotterets ; eh bien, je vous ferai voir la *salle des Douze-Frères ;* c'est un joli cabinet de verdure qu'on a nommé ainsi, parce qu'une seule souche a produit douze rejetons qui sont sortis de terre à une assez grande distance les uns des autres pour former une salle ronde, comme si on les eût plantés exprès. La forêt de Villers-Cotterets faisait partie des apanages du duc d'Orléans ; la beauté et la singularité de la *salle des Douze-Frères* avaient engagé le prince à la choisir pour son rendez-vous de chasse. Je vous ferai voir aussi un arbre pittoresque qui se trouve dans le jardin de Moulin-Joli, près Argenteuil, à deux lieues et demie de Paris, sur les bords de la Seine. A peu de distance d'un vieux saule, qui paraît avoir vu se renouveler plus d'une fois les habitants de ce rivage, se trouve une espèce de cabinet en saillie sur le courant de l'eau ; il est fabriqué dans un arbre dont la cime, composée de branches disposées en rond, fit naître l'idée d'en former un petit réduit solitaire. On y est entouré de rameaux qui couronnent l'arbre et qui servent d'appui de tous côtés en ne laissant de libre que l'espace nécessaire pour s'y placer. Des deux côtés du siége de ce petit belvéder, si propre à la méditation , semblent s'approcher deux branches pour qu'on lise ce qui est tracé sur leur écorce. L'une, dans l'incertitude de la situation où peut se trouver celui à qui elle parle , s'exprime ainsi :

> De ce riant séjour, de ce paisible ombrage
> Eprouvez les charmes secrets :
> Infortunés, retrouvez-y la paix :
> Heureux , soyez-le davantage.

L'autre prend un ton plus réfléchi :

> Consacrer dans l'obscurite
> A louer, prier Dieu tous les jours de sa vie
> Voilà les jours dignes d'envie :
> La paix en Dieu vaut mieux que la célébrité.

CÉLESTE.

Oh ! papa, je ne te laisserai pas oublier de nous mener visiter ces arbres.

M. VALMONT.

Un effort bien marqué de la nature dans une production végétale se remarquait dans le *vieux châtaigner* de Tetworth, en Angleterre , province de Glocester : on le voyait encore en 1758. Son tronc avait cinquante-un pieds de circonférence; il avait seulement sept à huit pieds de hauteur. A sa couronne, cet arbre se partageait en trois branches , dont l'une avait vingt-huit pieds et demi de circonférence sur cinq pieds de hauteur. Il était situé sur une montagne. Sous le règne de Jacques Ier, cet

arbre était déjà connu sous le nom de *vieux châtaignier,* et on conjecturait, en 1758, qu'il pouvait
avoir environ dix siècles.

La conservation de la plupart de ces vieux arbres
est souvent due à quelques souvenirs qu'on aime à
perpétuer. Après la défaite de Worcester, Charles II,
roi d'Angleterre, fugitif et proscrit, ne se déroba
aux poursuites de Cromwell qu'en se tenant caché
sous un chêne de Shrewsbury. Devenu paisible pos-
sesseur du trône, il revint voir le chêne dans lequel
il s'était réfugié, il y cueillit quelques glands qu'il
planta dans le parc de Saint-James et qu'il allait arroser lui-même tous matins. D'après cet événement,
on donna à cet arbre le nom de *chêne royal.* Il est
garanti par une muraille de briques, et il est entouré
de lauriers qu'on y a plantés.

On voit auprès de Berlin un *arbre historique*
aussi intéressant que curieux. Il est chargé de vers,
d'inscriptions et de noms français tracés par les premiers réfugiés qui, à l'époque de la révocation de
l'édit de Nantes, reçurent l'hospitalité dans le Bran-
debourg. Ces caractères, prodigieusement grossis par
le temps, couvrent entièrement le tronc de cet arbre
antique ; et la mélancolie touchante qui règne dans
presque toutes les inscriptions prouve assez que
toutes les consolations d'une noble hospitalité ne
peuvent faire oublier la patrie.

On montre près de Hambourg un arbre célèbre
dont l'écorce est chargée aussi de noms et d'inscriptions, parce que le poète Hagedorn allait, dit-on, y

méditer et composer. On l'appelle *l'arbre de Hagedorn.*

On trouve aussi près de Copenhague *l'arbre de
Clopstock*, ainsi nommé parce que cet illustre écrivain se plaisait à dormir sous son ombrage.

En Angleterre, dans la ville de Littlefield, patrie
de Samuel Johnson, on voit, près de la cathédrale,
un énorme saule pleureur planté par ce célèbre
écrivain dans son enfance, et dont, pour cette cause,
on prend le plus grand soin. Dans le même royaume,
un ministre vint s'établir à Strafford, patrie de
Shakespeare ; il acheta la maison et le jardin de ce
poète tragique, et il abattit un mûrier que Shakespeare avait planté. Cela causa le plus grand trouble
dans la ville : on pilla la maison ; le ministre heu-
reusement se sauva. On acheta le mûrier, et de son
bois on fit des tasses et des tabatières qui se vendi-
rent des prix considérables. Comment les protestants,
qui traitent d'idolâtrie le culte des reliques, sont-ils
si dévots pour les reliques de leurs grands hommes ?
Explique qui pourra.

On a conservé longtemps dans le bois de Vin-
cennes, près de Paris, un chêne sous lequel saint
Louis s'asseyait pour y écouter les plaintes ou les
demandes de ses sujets, et leur rendre justice ; trône
champêtre et populaire, que la douce affabilité rendait accessible de toutes parts, que le peuple en
foule pouvait entourer, et dont l'amour et la reconnaissance assuraient l'inébranlable solidité.

Les Allemands, pendant plusieurs années, lais-
sèrent en friche l'endroit où Turenne fut tué, et le

montraient comme un lieu sacré. Ils respectèrent aussi l'arbre sous lequel ce guerrier se reposa peu de temps avant sa mort , et il n'a péri que par l'enlèvement des morceaux que les soldats de toutes les nations en tirent par respect pour sa mémoire.

Il existe dans la plaine de Lens (Pas-de-Calais) un arbre unique , au pied duquel se reposa le grand Condé, après avoir gagné là , sur les Espagnols, une célèbre bataille, en 1648. Depuis, cet arbre a toujours porté le nom de Condé ; et , malgré les révolutions successives survenues en France , il a été constamment soigné et respecté.

Nous avons , dans la vallée de Montmorency , un vieux châtaignier qu'on appelle l'*arbre de J.-J. Rousseau*, parce que cet homme, à qui l'impiété a donné des titres de noblesse , venait de préférence rêver sous son ombrage ; le tonnerre en a brûlé la cime. J'ai voulu mesurer cet arbre ; nous avons formé une chaîne de cinq personnes en nous donnant les mains ; c'est tout ce que nous pouvions faire que d'embrasser sa base.

ÉMILE.

Il y a longtemps que tu nous promets de nous conduire dans cette vallée renommée par ses cerises. Je te prierai, mon cher papa, de nous faire faire ce petit voyage cette année; nous le désirons d'autant plus maintenant , que nous sommes curieux de voir l'arbre de **J.-J.** Rousseau.

M. VALMONT.

Je le veux bien ; mais le livre que j'ai sous les

yeux fait mention d'arbres bien plus gros que celui-là. Je lis que Christophe Colomb, et quatorze hommes qui se joignirent à lui, ne purent embrasser un arbre fameux dans l'Amérique. Au contraire, dans l'île des Barbades, une espèce d'arbre croît jusqu'à la hauteur de trois cents pieds, sans avoir plus d'un pied et demi de diamètre dans le plus épais de sa tige.

Dans notre première promenade au Jardin des Plantes, je vous ferai remarquer le *cierge du Pérou*, arbre de plus de trente pieds de haut, qui est dans la même serre depuis plus d'un siècle, et n'a que quelques pieds carrés de terre pour végéter. Vous verrez aussi des feuilles de *l'arbre d'argent*: vous admirerez leur nuance brillante : il y a, en Afrique, des forêts entières qui ont en effet l'air d'être argentées. Les feuilles du *bananier de paradis* sont d'une telle grandeur qu'une seule suffit pour couvrir presque entièrement un homme.

CÉLESTE.

N'y a-t-il pas un arbre singulier qu'on appelle *l'arbre du diable ?*

M. VALMONT.

Oui : on appelle ainsi vulgairement un arbre dont le nom est le *sablier éclatant ;* il croît dans l'Amérique. Son fruit, dans l'état de maturité, est élastique ; desséché par la chaleur du soleil, il se gerce, se fend avec éclat, et lance au loin ses graines : c'est à ce jeu de la nature que cet arbre doit son nom. En effet, dans le temps du développement de ses graines, le fruit produit l'effet d'une petite artillerie dont le bruit se succède rapidement, s'entend d'assez loin, et arrête le voyageur étonné.

ÉMILE.

J'ai lu une description aussi curieuse qu'extraordinaire, d'un arbre terrible qu'on appelle le *bohon-upas*; c'est l'arbre-poison par excellence. Si vous voulez me le permettre, je vous ferai part de cette relation faite par un chirurgien hollandais nommé Foërsch.

M. Valmont engagea son fils à leur faire connaître ce récit. Emile alla chercher son livre, y jeta un coup d'œil, et commença ainsi sa narration.

Selon notre voyageur, dit-il, le bohon-upas se trouve dans l'île de Java, à vingt-sept lieues de Soura-Charta, résidence du sultan. Il croît parmi des collines stériles ; il exhale autour de lui une vapeur empoisonnée qui, dans le rayon de quelques lieues, éteint la végétation ; lui seul il prospère, il peuple ces déserts de ses affreux rejetons. L'empereur de Java, qui attache le plus grand prix à ce poison, accorde aux criminels condamnés à mort l'option de subir leur supplice ou d'aller chercher une certaine quantité du poison qui découle de l'arbre. Ce dernier parti est ordinairement celui qu'ils choisissent ; s'ils ont le bonheur de revenir, ils obtiennent leur grâce. On leur remet une boîte d'argent ou d'écaille, destinée à recevoir la gomme qu'ils doivent rapporter ; on leur donne quelques instructions sur la manière dont ils doivent se conduire dans cette dangereuse expédition. La chose qu'on leur recommande le plus est de faire grande attention à la direction du vent, et d'en prendre le dessus, pour arriver à l'arbre ; enfin de marcher avec vitesse et d'agir avec promptitude. Il partent ensuite pour se rendre chez un vieux prêtre malais, qui habite un lieu par où l'accès des montagnes est le plus facile. Si le vent est favorable pour entreprendre le voyage, le prêtre leur met sur la tête un long bonnet garni de deux verres vis-à-vis des yeux, et qui descend sur leur poitrine ; on leur donne aussi une paire de gants de peau. Le prêtre les accompagne jusqu'à quelque distance ; puis il leur indique une colline qu'ils doivent passer, et de l'autre côté un ruisseau dont ils doivent suivre le cours, et qui les mène au bohon-upas : c'est là que se font les derniers adieux. Depuis trente ans que le vieux prêtre exerçait son triste ministère, sept cents criminels avaient passé par ses mains ; il n'en était pas revenu la dixième partie.

M. VALMONT.

Cette relation est très curieuse ; mais tous les hommes instruits regardent comme fabuleux, dans plusieurs de ses circonstances, ce rapport de M. Foërsch, cité, il y a plus de dix ans, dans la *Bibliothèque britannique*. Néanmoins, si l'existence d'un arbre semblable est enveloppée de fables, elle n'en est pas moins réelle. Un voyageur français, récemment arrivé de l'île de Java, M. le docteur Deschamps, a vu cet arbre dans les forêts de la partie orientale de l'île ; mais son aspect n'a rien d'effroyable : il a le port et le feuillage d'un orme. Le suc laiteux qui découle de ses branches, lorsqu'on les brise, est réellement un poison des plus terribles. Les Malais, pour s'en servir, le mêlent avec quelques autres drogues ; ils y trempent la pointe de petites flèches de bambou, qu'ils lancent avec une espèce de sarbacane. M. Deschamps a vu tuer de cette manière un singe assis sur un arbre ; il reçut le trait empoisonné dans la partie charnue de la cuisse, il poussa un cri, et tomba mort dans l'instant : on examina la blessure, la flèche n'avait pas pénétré d'un travers de doigt (1). M. Leschenault de la Tour a rapporté à Paris deux flacons du suc de bohon-upas, et il a fait avec cette substance plusieurs expériences sur divers animaux (2).

Dans les contrées de la Guyanne, il existe un autre arbre non moins sinistre, appelé *markoury*, dont la sève empoisonne les végétaux voisins, et dont l'ombre donne la mort à l'homme qui se repose sous ses branches.

ÉMILE.

Oui, j'ai lu cela dans le livre fort intéressant qui a pour titre : *Nouveau Voyage de la jeunesse dans les cinq parties du monde.*

M. VALMONT.

Je me suis fait un plaisir de vous donner ce livre

(1) Deschamps. *Annales des Voyages*, I, p. 70.
(2) Malte-Brun, *Journal de l'Empire*, février 1811.

de M. l'abbé Gaudreau , parce qu'il ne peut que vous fournir des connaissances utiles , et vous inculquer d'excellents principes.

Nous allons parler maintenant de quelques végétaux curieux sous différents rapports. Pline dit avoir vu un arbre sur lequel on trouvait des noix , des baies , des raisins , des figues , des poires , et différentes sortes de pommes.

La *Gazette de France,* du 9 novembre 1818, rapporte que le pasteur de Gollnih , principauté d'Altenbourg , a dans son jardin un pommier qui n'a certainement pas son pareil , et qu'on pourrait bien appeler roi de tous les pommiers du monde , vu que , d'après les greffes qu'on a entées sur ses branches , il rapporte soixante-dix espèces de pommes.

En 1693 , on fit voir à l'Académie une tranche du tronc d'un orme sur laquelle paraissait de chaque côté la figure d'une croix semblable à celle des chevaliers de Malte ; en quelque endroit qu'on coupât cet arbre , la même croix se trouvait toujours.

Dans l'Inde espagnole , on donne le nom de *bois de lumière* à une plante qui s'élève ordinairement à la hauteur de deux pieds ; la tige s'allume lorsqu'on la rompt , et elle donne une lumière aussi forte que celle d'un flambeau. La *fraxinelle* offre aussi ce phénomène curieux ; si , dans une belle soirée d'été , on approche une bougie de cette plante , l'atmosphère qui l'environne s'enflamme aussitôt.

Je vous ferai voir une plante singulière à laquelle on a donné le surnom de *gobe-mouche ;* en effet , si quelque insecte vient plonger dans le calice de la fleur pour en sucer le miel, on voit ses bords se resserrer et enfermer le petit larron, qui rend sa prison d'autant plus étroite qu'il se débat davantage.

Diodore de Sicile et Hérodote parlent de roseaux des Indes d'une telle grosseur que la partie comprise entre deux nœuds servait quelquefois d'esquif à trois hommes pour se conduire sur l'eau. Le grand Condé se promenait souvent, sur le canal du château de Chantilly, dans une pirogue ou espèce de gondole d'un seul morceau de bois d'aune creusé, où trois personnes pouvaient tenir facilement. Du temps de Pline, on voyait dans une ville maritime de Toscane une statue de Jupiter grande comme nature, faite d'un seul cep de vigne. A Métapon, toutes les colonnes du temple de Junon étaient de bois de vigne. On voit au musée de Versailles une table précieuse qui a appartenu au connétable de Montmorency ; elle a été taillée d'un seul morceau dans la souche d'un énorme cep de vigne. L'*Académie des Sciences*, pour l'année 1728, fait mention d'un cep de vigne qui portait des raisins mélangés, c'est-à-dire dont une partie des grappes était rouge et l'autre blanche. Bomare a vu à Chantilly une grappe de raisin qui offrait trois espèces de grains différents : il y avait des grains tout noirs, d'autres tout blancs, et d'autres noirs et blancs.

En 1677, on porta à la cour de Vienne un épi d'orge curieux, en ce que quatorze autres épis sortant de la même souche s'élevaient autour de lui comme un jeu d'orgues et formaient un assez beau panache ; le quinzième, qui les surpassait en hauteur, était plus gros et plus fourni. Dans son poème de la *grandeur de Dieu*, M. Dulard parle d'une touffe de froment qui contenait trente-deux épis sortant tous du même tuyau, et on compta dans chaque épi de quarante-cinq à cinquante grains ; de sorte qu'un seul grain en avait produit près de seize cents. La vallée d'Yen, dans le Pérou, produit des melons qui pèsent jusqu'à cent livres.

CÉLESTE.

Ces melons doivent être d'une fameuse grosseur.

M. VALMONT.

Je vais vous donner la description d'un navet bien autrement curieux, qui fut trouvé dans le jardin de Weiden, près de Juliers, sur le chemin de Bonn. Les feuilles qui sont pour l'ordinaire au haut du navet se présentaient dressées en forme de palme, et formaient le plus beau panache. Au-dessous de ce panache on voyait assez distinctement une tête humaine ornée de toutes ses parties ; on voyait au-dessous une poitrine ; et les racines étaient tellement disposées, qu'on les eût prises pour des bras et des pieds ; le tout représentait une personne assise sur ses talons, ayant les bras croisés au-dessus de la poitrine. Le *Journal des Savants,* du mois de février 1677, a fait graver la configuration de ce navet, et en a donné la description : il fut présenté à l'électeur de Cologne. M. Sigaud de Lafond en fait mention dans son recueil des phénomènes de la nature.

M. Valmont referma son livre, au grand regret de ses petits auditeurs, pour qui cette lecture avait beaucoup de charmes. — Voilà l'heure consacrée au repos, leur dit-il; et vous savez que demain il faut se lever de bon matin, puisque nous devons aller à Saint-Cloud. Nous terminerons donc ici notre entretien sur les productions curieuses et remarquables de la végétation.

ÉMILE.

Tout ce que tu nous a cité est vraiment merveilleux, admirable, et nous fait désirer vivement de connaître les autres parties de ce manuscrit.

M. VALMONT.

Eh bien, pour vous contenter, j'emporterai demain ce livre avec moi; nous pourrons en lire quelques chapitres.

CÉLESTE.

Bon! cela doublera l'agrément que nous nous promettons depuis longtemps de cette partie de plaisir.

DEUXIÈME ENTRETIEN

CATARACTES. LACS. ILES. SOURCES OU FONTAINES

En arrivant à Saint-Cloud , M. Valmont conduisit
ses enfants dans le parc, et ceux-ci demeurèrent en
extase à la vue de la cascade du château. Ces grandes
nappes d'eau qui tombent d'un bassin dans l'autre ,
ces dauphins , ces sirènes qui vomissent l'eau avec
force, ces jets qui se croisent de toutes parts, offrent
un coup d'œil fort agréable. Ce fameux jet qui s'é-
lance par-dessus les arbres, et s'élève jusqu'à quatre-
vingt-dix pieds , émerveillait nos petits admirateurs.
Que tout cela est magnifique! s'écriaient-ils dans

leur enthousiasme. Cette cascade, leur dit M. Valmont, est en effet une des plus belles de l'Europe ; mais ce n'est qu'une faible imitation de ces grandes chutes d'eau naturelles telles qu'on en voit dans diverses contrées. Les cataractes du Nil, de Lauffen, de Tivoli, du Niagara, présentent des effets bien plus admirables.

CÉLESTE.

Quelle différence y a-t-il entre une cascade et une cataracte ?

M. VALMONT.

En général, toutes les chutes d'eau se nomment cascades ; mais on distingue la cascade naturelle de l'artificielle : la naturelle, occasionnée par l'inégalité du terrain, prend tantôt le nom de cascade, tantôt celui de cataracte ; mais le nom de cascade convient seul à la chute d'eau artificielle, qui n'existe, comme celle qui est devant vous, que par le travail des hommes.

ÉMILE.

Sans doute ton livre fait mention de ces merveilles ; veux-tu nous donner la description de celles que tu nous a nommées ?

M. Valmont, charmé du désir que lui témoignaient ses enfants, s'étant assis avec eux sur le gazon, prit son petit manuscrit, et chercha le chapitre qui traitait des eaux. Il trouva en tête un dessin représentant la cataracte du Rhin à Lauffen, canton de Zurich, à trois quarts de lieue au-dessous de Schaffouse : les enfants l'examinèrent attentivement. Les montagnes de la Suisse, leur dit M. Valmont, présentent un grand nombre de cataractes ; celle-ci est la plus célèbre ; les voyageurs qui parcourent ce pays ne manquent point de venir la visiter. La quantité d'eau qui s'y précipite , les différentes formes qu'elle prend , et le bruit qu'occasionne sa chute, suffisent pour former un grand spectacle. Mais , comme vous le voyez, les objets divers qui concourent à rendre ce lieu pittoresque lui donnent un nouveau degré de beauté ; tout s'y est réuni pour en former le plus grand et le plus superbe tableau. La cascade, vue de face , se trouve partagée en trois chutes très considérables par deux rochers saillants et isolés qui s'élèvent entre mille bouillons d'eaux écumantes. Le mouvement de ces eaux est prodigieux, par la hauteur d'où elles tombent , par leur grand volume , et par les différentes inégalités des rochers qui, en multipliant les chutes, occasionnent des groupes de cascades entassées les unes sur les autres ; elles s'élèvent, se joignent, se séparent, et changent de forme avec une telle rapidité que l'œil n'en peut saisir aucune. C'est par cet effet magique qu'on reste attaché comme en extase à ces sortes de merveilles, quoiqu'elles fatiguent la vue et la tête. Il s'élève du pied de la cascade une brume , un nuage d'eau raréfiée , qui est transporté par le vent comme une poussière légère , et sur lequel le soleil dardant ses rayons fait paraître des arcs en-ciel de la plus grande beauté.

Les rochers saillants du milieu de la cataracte ont

des formes singulières; ils sont minces par le bas, plus gros et plus renflés par le haut. Vous voyez, sur la droite de la cascade, un groupe de fabriques : ce sont des fonderies, des moulins, des usines entourés de charpentes, de canaux et de roues qui font jaillir les eaux de tous côtés : des arbres, des rochers, un coteau de vignes, des montagnes boisées par derrière, surmontent ces fabriques. Dans le fond, une montagne aride, en procurant un repos à l'œil par son ton bleuâtre et vaporeux, fait valoir la blancheur et le brillant des eaux, dont la vue devient insoutenable quand la lumière du soleil s'y réfléchit.

Regardez maintenant sur la gauche. Une montagne rapide s'élève fort haut, elle est couverte de différents arbres; les eaux semblent s'élancer de son pied. Le château de Lauffen est sur le sommet de cette montagne; c'est un groupe de maisons et de quelques tours, ceint d'une muraille crénelée : ce château fait un fort bel effet par son heureuse position. Devant la cascade est un beau et large bassin, où les eaux tournent et reviennent sur elles-mêmes : elles semblent chercher à multiplier leur cours, et quitter à regret ce bassin.

Pour jouir en entier du spectacle des eaux, il faut suivre la rampe qui descend du château au pied de la cataracte. Là on a pratiqué une espèce de galerie en charpente pour en approcher plus commodément, de façon qu'on peut toucher l'eau avec la main; un gros et immense bouillon se précipite à côté, et fort au-dessus du spectateur, avec un bruit, un fracas

qui étourdit. La rapidité avec laquelle l'eau passe
éblouit et fait tourner la tête. On est mal à son aise
par le tremblement qu'excite sur la galerie le bruit
et le courant d'air occasionnés par l'eau. On veut
quitter sa place, on ne peut; on veut encore voir, se
faire une idée sur la rapidité dont les eaux passent et
se succèdent; on se fatigue, et l'on se retire, parce
qu'on s'aperçoit qu'on est mouillé et qu'on a froid.
Il est rare qu'on ne retourne pas à la même place
plusieurs fois, tant ce spectacle est attrayant.

CÉLESTE.

D'après cette description, la cascade que nous
avons devant les yeux ne me semble plus que peu
de chose.

M. VALMONT.

Les travaux des hommes nous paraissent quelquefois étonnants; mais ils ne sont rien en comparaison des ouvrages mêmes de Dieu. Parlons maintenant de la cascade de *Tivoli*, formée par une rivière
que l'on appelait l'*Anio*, et que l'on nomme aujour-
d'hui le *Teverone*. Cette rivière arrive lentement sur
un lit égal et uni, en baignant, d'un côté, la ville
de Tivoli située sur ses bords, et de l'autre, de grands
ormes qui balancent sur lui leur ombrage. Il s'avance
ainsi, calme, majestueux, paisible; soudain il se
brise tout entier sur des rocs; il écume, il rejaillit,
il retombe en bouillons impétueux qui se heurtent,
se mêlent, qui sautent; il remplit un moment un
vaste rocher d'où il se précipite en grondant. A

plus de cent toises, la poussière de ses flots brisés arrose le voyageur curieux : elle forme à cette distance une pluie continuelle.

Une montagne de roche, qu'on nomme la *Grotte de Neptune*, s'avance sur un abîme épouvantable, se creuse, se voûte, et se soutient hardiment sur deux énormes arcades. A travers ces arcades, à travers plusieurs arcs-en-ciel qui les cintrent en se croisent, à travers les plantes et les mousses qui des hauteurs pendent en festons, on aperçoit ces flots furieux qui tombent sur des pointes de rochers, où ils se brisent encore, sautent de l'un à l'autre, se combattent, plongent, et disparaissent enfin dans l'abîme.

Ces flots, cette hauteur, cet abîme, ce fracas, ces rocs pendants en précipice, les uns noircis par les siècles, d'autres verdis par de longues mousses ; ceux-là hérissés de ronces et de plantes sauvages de toute espèce ; ces rayons égarés du soleil qui se brisent, qui se jouent sur le roc, dans les eaux, parmi les fleurs ; ces oiseaux que le bruit et le vent des ondes effraient et repoussent, dont on ne peut entendre la voix : tout cela émeut, trouble, enchante.

Non loin de là, les ondes, en se divisant et en sautant sur plusieurs rochers, forment plusieurs autres petites cascades qu'on nomme les *cascatelles*. Le bruit continuel qui en résulte, joint à la fraîcheur qui s'en exhale et aux sites singulièrement pittoresques, produisent dans l'âme des spectateurs mille sentiments divers propres à élever vers Dieu le faible cœur de l'homme.

ÉMILE.

Il serait bien intéressant de connaître par soi-même
ces monuments curieux de la nature ; mais lorsque
cela n'est pas possible , il est du moins bien agréable de pouvoir s'en former une idée par le récit des
voyageurs.

M. VALMONT.

Oui , mes enfants , rien de plus curieux à lire que
les voyages ; ils ont souvent tout l'intérêt des fictions
romanesques , sans en avoir la futilité : dans un
hiver, sans quitter le coin de son feu , on peut avec
ces livres faire le tour du monde.

Mme VALMONT.

Il y a dans la province où je suis née , dans le
Languedoc , aux environs de Barjac , une cataracte
d'un autre genre ; on l'appelle le *gouffre de la
Goule*. Au milieu du plateau que forme une montagne , et dans le vallon appelé l'*enfoncement de la
Goule*, on voit un bassin creusé dans la roche vive ,
coupé à pic ou en pente rapide , depuis les lieux les
plus élevés des montagnes environnantes jusqu'au
fond du bassin. Ces montagnes ont huit lieues de
tour, en parcourant leurs sommets d'où partent les
eaux qui vont se jeter dans le gouffre. Ces eaux , ra-
massées vers le gouffre dans une espèce de réservoir
creusé par leur chute , tombent en forme de cataracte dans le précipice , qui est de figure ovale. Une
cataracte souterraine succède à la première , et une
troisième à la seconde , jusqu'à ce qu'on perde les

eaux de vue. On n'entend plus alors dans ces conca-
vités qu'un bruit sourd qui annonce des cataractes
plus profondes encore.

M. VALMONT.

Le Languedoc a encore d'autres curiosités naturelles dont je vous ferai une ample description : pour
l'instant, passons aux *cataractes du Nil.* Ce fleuve
a trois chutes, qu'on appelle aussi *catadupes.* Je ne
vous parlerai pas de celle qui est au-dessus du lac
Dambea. Là le Nil tombe dans un profond abime,
d'une hauteur d'environ cent cinquante pieds : le
bruit qu'il fait en se précipitant impétueusement de
si haut est entendu de trois lieues de là. Cette immense nappe d'eau, par un élan prodigieux, s'ar-
rondit en demi-cintre, et forme une arcade sous
laquelle elle laisse un grand chemin où l'on peut
passer sans être mouillé, et où il y a des siéges taillés
dans le roc pour reposer les voyageurs.

CÉLESTE.

Cela est plus curieux encore que la charpente de
Lauffen.

M. VALMONT.

Des gens du pays donnent ici aux voyageurs un
spectacle plus effrayant encore que divertissant. Ils
se mettent deux dans une petite barque, l'un pour
la conduire, l'autre pour vider l'eau qui y entre.
Après avoir longtemps essuyé la violence des flots
agités, en conduisant toujours avec adresse leur petite
barque, ils se laissent entraîner par l'impétuosité du

torrent, qui les pousse comme un trait du haut de la cataracte. Le spectateur tremblant croit qu'ils vont être abîmés dans le précipice où ils se jettent ; mais le Nil, rendu à son cours naturel, les remonte sur ses eaux tranquilles et paisibles.

Le *Tigre,* fleuve de la Turquie d'Asie, dans une partie de son cours est d'une rapidité extrême, et forme aussi des cascades. Les mariniers font une espèce de radeau avec des branches d'arbres ; ils y placent des outres pleines de vent, bien serrées les unes contre les autres, et qu'ils couvrent de feutre ; après y avoir attaché leurs marchandises, ils s'abandonnent dans leurs nacelles, et se laissent tomber du haut des cascades aussi légèrement que les Egyptiens qui descendent les cataractes du Nil.

Mais toutes ces cataractes n'approchent pas de la magnifique chute appelée le *saut du Niagara,* sur les limites qui séparent les Etats-Unis d'Amérique du Haut-Canada. Cette chute est d'un effet prodigieux, tel qu'on n'en voit point de semblable dans tout l'univers. Ce n'est pas de l'agréable, ni du sauvage, ni du romantique, ni même du beau, qu'il faut y aller chercher ; c'est du surprenant, du merveilleux, de ce sublime qui saisit à la fois toutes les facultés, qui s'en empare d'autant plus profondément qu'on le contemple davantage, et qui laisse toujours celui qui en est saisi dans l'impuissance d'exprimer ce qu'il éprouve.

La rapidité du courant commence à se faire sentir plusieurs milles avant le lieu même de sa chute : il ne faut pas quitter le bord du fleuve ; on serait, sans cette précaution, promptement conduit dans les courants, qui entraînent irrésistiblement dans le gouffre tout ce qui les approche. A quelque distance, le fleuve, large de trois milles (une lieue environ), se resserre promptement ; la rapidité de son cours, déjà considérable, redouble encore, et par la grande inclinaison du terrain sur lequel il coule, et par le rétrécissement de son lit. Bientôt la nature de ce lit change ; c'est un fond de roc dont les débris amoncelés ne présentent des obstacles à ces eaux impétueuses que pour en augmenter la violence. Une chaîne de rocs très blancs s'élève ici aux deux côtés du fleuve : ce sont les monts Alleghanys. Alors le Niagara se divise : une branche suit sur la droite le bord de ces rochers ; l'autre, séparée de la première par une petite île, se jette brusquement sur la gauche, s'y fait, au milieu des pierres, une espèce de bassin qu'elle remplit de ses tourbillons, de son écume et de son bruit ; enfin, arrêtée par les nouveaux rochers qu'elle trouve à sa gauche, elle change son cours plus brusquement encore, à angle droit, pour se précipiter, en même temps que la branche droite, de cent soixante pieds de hauteur par-dessus une table de rochers presque demi-circulaire, aplanie sans doute par la violence de cette immense masse d'eau qui roule depuis la naissance du monde. Là elle tombe en formant une nappe presque égale dans toute son étendue, et dont l'uniformité n'est interrompue que par l'île qui, séparant les deux branches, reste inébranlable sur son roc, et comme suspendue entre ces deux torrents.

Précipité sur des monceaux de rochers, ce fleuve, qui s'est élancé avec une impétueuse majesté, ne présente plus que des flots mugissants ; ces flots se choquent, se repoussent, se brisent ; resserrés entre deux haies de rocs hérissés, l'espace semble trop étroit pour cette lutte, tandis que des flots nouveaux tombent avec la même impétuosité sur ceux qui déjà s'entre-heurtent, et, dans cet épouvantable chaos, roulants, bouillonnants, repoussés, soulevés l'un par l'autre, déchirés par les flancs des rochers, ils produisent un bruit immense qui remplit l'air et ne lui permet pas de former d'autre bruit.

Après s'être précipitée sur les rocs, une partie des eaux s'élève en une vapeur épaisse qui surpasse souvent de beaucoup la hauteur de leur chute, et se mêle alors avec les nuages. Lorsque les rayons du soleil frappent sur cette cataracte, ils en font une décoration magique, éblouissante.

ÉMILE.

Cette chute d'eau doit menacer d'anéantir l'être qui oserait s'en approcher ?

M. VALMONT.

Il est vrai qu'on est accablé sous le choc des sensations qu'imprime nécessairement à l'âme cette imposante et terrible scène ; cependant écoutez ce que dit un voyageur (M. de La Rochefoucauld-Liancourt) : « J'ai descendu jusqu'au bas de cette chute ; les abords en sont difficiles : des descentes à pic, des échelles pratiquées dans les arbres, des pierres roulantes, des rocs menaçants, et qui, par les débris qui couvrent la terre, avertissent les voyageurs du danger auquel ils s'exposent ; aucun appui pour se retenir que des arbres morts , près de rester dans la main de l'imprudent qui oserait y prendre confiance, tout y semble fait pour inspirer l'effroi. Mais la curiosité a sa folie comme toutes les autres passions , et elle en est une véritable ; ce qu'elle me faisait faire dans ce moment, la certitude d'une grande fortune , je crois, n'eût pu m'y déterminer. Enfin, me traînant souvent sur les mains , d'autres fois trouvant dans mon ardeur une adresse que j'étais loin de me soupçonner, souvent m'abandonnant au hasard , je suis parvenu, après un mille et demi de marche dans le plus pénible travail, sur ces bords difficiles, au pied de cette immense cataracte ; l'amour-propre de l'avoir atteint y compense seul la peine des efforts que le succès a coûtés : il est plus d'une situation pareille dans la vie.

» Là on se trouve dans un tourbillon d'eau dont on est percé. Les vapeurs qui s'élèvent de la chute se confondent avec les flots qui en tombent ; le bassin est caché par cet épais nuage ; le bruit seul , plus violent que partout ailleurs , est une jouissance particulière à cette place. On peut avancer quelques pas sur les rocs entre l'eau qui tombe et le pied du rocher d'où elle se précipite ; mais on est alors séparé du monde entier, même du spectacle de cette chute, par cette muraille d'eau qui, par son mouvement et son épaisseur, intercepte tellement la communication de l'air extérieur, qu'on serait entièrement suffoqué si l'on y restait longtemps.

» Il est impossible de rendre l'effet que cette cataracte nous a fait éprouver ; notre imagination, longtemps nourrie de l'espérance de la voir, nous en traçait des peintures qui nous semblaient exagérées : elles étaient au-dessous de la réalité : chercher à décrire ce beau phénomène et l'impression qu'il cause, ce serait tenter au-dessus du possible (1)... »

Vous voyez, poursuivit M. Valmont, que toutes les cascades artificielles, construites avec tant d'art et à si grands frais, n'approchent point de ces grandes cataractes, et ne peuvent entrer avec elles en comparaison. De même ce fameux jet, que l'on admire à juste titre, n'est rien, et serait oublié à côté du jet bouillant connu sous le nom de *Geyser*. Cette source étonnante se trouve en Islande : l'eau y jaillit d'un rocher à certaines heures du jour, mais par secousses et par intervalles. Les élancements s'annoncent par un bruit sourd semblable à des coups de canon qu'on entendrait de loin ; ces coups se succèdent et augmentent comme si le canon s'approchait. Lorsque le jet va s'élancer, le terrain s'ébranle autour de la source ; on croirait qu'il va se soulever et crever. Vis-à-vis du Geyser est une montagne qui a plus de quatre cents pieds d'élévation ; les habitants prétendent avoir souvent vu le jet d'eau s'élever aussi haut que la cime de cette montagne.

(1) En France, le *saut de la Saule*, cascade formée par la rivière de Ruc, auprès du hameau de Saint-Thomas, dans les montagnes d'Auvergne, offre en petit le tableau du saut du Niagara : la chute d'eau est ici de vingt à trente pieds.

CÉLESTE.

En effet, ce jet est merveilleux ! Et ses eaux sont réellement bouillantes ?

M. VALMONT.

Vous allez en juger. Quand les élancements les soulèvent et les font déborder de tous les côtés du bassin, elles tombent dans un petit vallon, et forment un ruisseau : eh bien ! à une assez grande distance du Geyser, ce ruisseau conserve encore un tel degré de chaleur que les pieds des bestiaux qui le traversent en sont souvent brûlés. Les sources d'eaux bouillantes sont très nombreuses dans l'Islande ; les habitants les font servir assez ordinairement à cuire leurs aliments, herbages, poissons ou viande : il suffit de suspendre, au-dessus de l'ouverture de la source, le pot ou la marmite, pour que ce qui y est contenu soit cuit en peu de temps. Cette île, presque en général, repose sur un vaste foyer de feux souterrains.

ÉMILE.

Cela est bien commode ; on n'a pas besoin de faire une grande provision de bois dans ce pays.

M. VALMONT.

Vous imaginez peut-être qu'il y fait chaud ? Au contraire ; son nom même signifie *pays des glaces* : il en arrive tous les ans du Groënland des masses énormes. Quelques-uns de ces blocs ressemblent à des montagnes ; ils ont quelquefois jusqu'à cinquante pieds de hauteur hors de l'eau. Ces blocs horribles de glace s'arrêtent souvent dans les bas-fonds ; ils restent alors durant un grand nombre d'années sans se dissoudre, et répandent un froid très vif dans l'atmosphère à quelques lieues à la ronde. En 1555 et 1754, ces glaces produisirent un froid si violent que les brebis et les chevaux tombaient morts. Les Islandais, simples et ignorants, ayant aperçu des flammes à travers ces glaces, s'imaginèrent que par un prodige elles s'étaient embrasées.

CÉLESTE.

Qu'est-ce que cela pouvait être ?

M. VALMONT.

C'était bien du feu, et il s'en allume naturellement au milieu de ces glaces ; voici comment : Il arrive quelquefois que lorsqu'un grand nombre de ces masses flottent ensemble, les bois qu'elles entraînent ordinairement sont froissés avec tant de violence qu'ils s'enflamment ; c'est ce qui a donné lieu à des contes ridicules de glaces enflammées. On ne saurait faire de provisions de bois dans ce pays, car on n'en trouve qu'autant que les naufrages en envoient sur les côtes.

ÉMILE.

Avec quoi donc se chauffe-t-on ?

M. VALMONT.

On se sert de tourbe, de fiente desséchée et d'os

de poissons. C'est une terre en général fort pauvre.

Dans diverses contrées de la France, on trouve des sources d'eaux aussi chaudes que celle de Geyser; je vous citerai entre autres une fontaine qui se trouve au milieu de la ville de Dax : son eau est tellement brûlante, qu'à dix pas de la source on peut à peine y tenir la main. Les eaux minérales d'Aix-la-Chapelle sont aussi de nature à faire durcir un œuf en cinq minutes.

Ici M. Valmont interrompit cet entretien pour continuer sa promenade avec ses enfants dans toutes les parties du parc. Ensuite on dîna, et l'après-midi on s'en revint par la galiote. La petite famille, placée sur le pont, contemplait le cours de la Seine et toutes ces îles pittoresques qui embellissent cette partie des environs de la capitale.

M. Valmont reprit son manuscrit. Nous allons, dit-il, parcourir les choses les plus curieuses qui nous restent à voir sur l'élément qui nous fait voyager en ce moment. Lorsqu'on porte un œil observateur et religieux sur tout ce qui nous environne ici-bas, on trouve dans tout un sujet d'admiration et de reconnaissance pour la grandeur et les bienfaits de Dieu. Ecoutez comment s'exprime un digne prélat, l'illustre Fénelon :

« L'eau désaltère non-seulement les hommes, mais encore les campagnes arides; et celui qui nous a donné ce corps fluide l'a distribué avec soin sur la terre, comme les canaux d'un jardin. Les eaux tombent des hautes montagnes, où leurs réservoirs sont placés : elles s'assemblent en gros ruisseaux dans les vallées. Les rivières serpentent dans les vastes campagnes pour mieux les arroser ; elles vont enfin se précipiter dans la mer, pour en faire le centre du commerce à toutes les nations. Cet Océan, qui semble être placé au milieu des terres pour en faire une éternelle séparation, est au contraire le rendez-vous de tous les peuples, qui ne pourraient aller par terre, d'un bout du monde à l'autre, qu'avec des fatigues, des longueurs et des dangers incroyables. C'est par ce chemin sans trace, au travers des abîmes, que l'ancien monde donne la main au nouveau, et que le nouveau prête à l'ancien tant de commodités et de richesses. Les eaux, distribuées avec tant d'art, font une circulation dans la terre comme le sang circule dans le corps humain. »

CÉLESTE.

Comment ! les montagnes, qui nous paraissent des lieux si secs, sont les réservoirs des eaux ?

M. VALMONT.

Oui, ma fille ; ces masses superbes, que les ignorants regardent comme des excroissences inutiles et difformes d'un globe mal arrangé, sont, au contraire, des instruments admirables, construits et ordonnés par le Créateur pour servir, en quelque sorte, d'alambics pour distiller l'eau douce qui nous est nécessaire. Leur élévation était essentielle pour faire descendre et couler leurs sources par une chute modérée, comme par autant de veines, pour le bien et l'avantage du genre humain. Nous parlerons de cela un de ces jours. Pour l'instant, je vais vous faire connaître quelques lacs curieux, quelques sources ou fontaines remarquables, quelques îles extraordinaires ; celles, entre autres, formées par le feu.

ÉMILE.

Quoi ! le feu a pu agir au sein des eaux ?

M. VALMONT.

Et même avec une force étonnante, parce que sous l'eau il existe des foyers volcaniques. Mais suivons l'ordre de notre manuscrit. Il est question d'abord d'un petit lac qui se trouve sur le sommet d'une montagne d'Irlande, et que, vu sa situation et sa forme ronde, on appelle le *Bol à punch du diable*. Entre les bords du bol et la surface de l'eau, la distance est d'environ neuf cents pieds. L'eau est très profonde, quoiqu'elle ne soit pas sans fond, comme le prétendent les habitants des environs. Le superflu des eaux de ce lac s'écoule par une ouverture, et forme une très belle cascade qui a quatre cent cinquante pieds de long.

En France, près de Mézières, au sommet d'une haute montagne, il y a un lac à peu près semblable dont les eaux se soutiennent à la même hauteur et ne s'épanchent jamais. La profondeur en est inconnue, une sonde de trois cents pieds n'en a pu trouver le fond ; on a seulement reconnu que l'intérieur était un cône renversé, et allait toujours en diminuant ; il est probable que c'est le cratère de quelque volcan éteint; et l'on explique le séjour des eaux dans ce lac, en supposant qu'il communique par des conduits souterrains avec un grand amas d'eau situé dans une autre montagne, et qu'il se fait un nivellement dans les eaux.

Parmi les lacs, il faut remarquer le *lac Asphaltite*, en Judée, que l'on nomme aussi *mer Morte*; il ne contient rien de vivant, ni même de végétant. Diodore de Sicile assure qu'il a soixante-douze milles de long et sept à huit de large (environ vingt-cinq lieues sur trois); ses bords sont sans verdure comme ses eaux sans poisson; ses eaux sont plus salées que celles de la mer. On trouve aux environs une quantité de mines de sel gemme. Ce lac attire une foule de pélerins et de curieux, parce qu'on voit d'espace en espace des blocs informes qui rappellent le châtiment de la femme de Loth. Les sources d'eaux chaudes qui se trouvent auprès attestent que les feux souterrains qui ont formé ce lac ont continué de brûler jusqu'à ce jour. Pline dit qu'aucun corps vivant ne peut aller au fond de ce lac. Vespasien, voulant en faire l'expérience, fit jeter dedans plusieurs personnes qui ne savaient pas nager et ayant les mains liées derrière le dos; pas une n'alla au fond. Le voyageur Prockoke en fit l'essai lui-même; ne pouvant pas croire à la faculté extraordinaire de l'eau de ce lac, il se détermina à y entrer, et il y resta près d'un quart d'heure. «Je flottais dessus, dit-il, dans telle posture qu'il me plaisait, sans jamais m'enfoncer. Ayant voulu une fois plonger, mes jambes restèrent en l'air, et j'eus toutes les peines du monde à me remettre dans une situation plus commode. »

A une demi-lieue de Tivoli, il y a un petit lac, d'environ cinq cents pas de tour, qui exhale une si forte odeur de soufre qu'il infecte l'air aux environs : on l'a nommé la *solfatare.* Sur ce lac, il y a plusieurs iles flottantes ; elles sont à fleur d'eau, toutes couvertes de roseaux ; elles ont de la solidité et de l'épaisseur : la plus grande a environ vingt-cinq pas de long sur quinze de large. Le peuple de Tivoli appelle ces iles des *barquettes,* parce qu'elles se peuvent gouverner comme des barques. Ce lac étant produit par des sources d'eau soufrée, les bouillons qu'on y remarque élèvent du limon raréfié par le soufre ; en surnageant, ce limon se sera attaché aux joncs et aux herbages qui croissent dans ce lac, et peu à peu s'y sera grossi au point de former ces iles.

CÉLESTE.

Je me souviens d'avoir lu que Tarquin s'était emparé d'un champ consacré à Mars ; quand on le chassa de Rome, les blés de ce champ venaient d'être coupés, et les gerbes y étaient encore ; on ne crut pas qu'il fût permis d'en profiter, à cause de la consécration ; en conséquence, on prit les gerbes et on les jeta dans le Tibre, avec tous les arbres que l'on coupa. Les eaux étaient alors fort basses ; ces matières, réunies, furent arrêtées au milieu du fleuve ; ne trouvant point de passage, elles s'accrochèrent et se lièrent si bien entre elles, qu'elles ne firent plus qu'un même corps qui prit racine , et qui forma , avec le temps , une île qu'on appela l'*île sacrée* , et dans laquelle on bâtit des portiques et des temples.

M. VALMONT.

Bien , ma fille , je suis content de voir que tu mets à profit tes lectures. Le lac de Laumond , le plus grand de ceux de l'Ecosse , est semé d'iles , dont quelques-unes sont flottantes , quoiqu'elles soutiennent des forêts remplies de bêtes fauves ; d'autres , aussi flottantes , contiennent des châteaux , de beaux jardins et de grands pâturages. Non loin d'ici , entre la ville de Saint-Omer et Clairmarais , il y a de ces iles flottantes. Ce nom de *Clairmarais* indique que les marécages de la plaine ne sont pas aussi fangeux que les marais ordinaires. Il y flotte vingt petites îles que l'on conduit d'une rive à l'autre , de la même manière que l'on dirige un bateau ; la plus grande a douze pieds de diamètre ; la plus petite , quatre ou cinq pieds : elles ont environ trois pieds d'épaisseur. Il y a sur ces iles des arbustes et des saules que les habitants ont soin d'entretenir. Ces iles flottantes consistent en une terre spongieuse que soutiennent les racines des saules et autres végétaux qui y croissent. Les habitants ont soin d'y remettre continuellement de la terre , parce que cette singularité ne laisse pas d'attirer des curieux. Louis XIV, dans un un de ses voyages , eut la curiosité de monter sur la plus grande.

Un auteur ancien (1) assure avoir vu en Lydie les îles Calamines se mouvoir, tourner sur elles-mêmes, regagner le rivage, sans autre secours que la musique, c'est-à-dire, au moyen de la vibration que les musiciens imprimaient au sol avec le pied en battant la mesure.

Près de Gap, sur le lac Pelleautier, il y a une masse de tourbe mobile qu'on appelle la *Motte tremblante*, qu'on dirige également à droite et à gauche.

CÉLESTE.

A l'exemple de Louis XIV, j'aurais été curieuse de me promener sur ces îles.

ÉMILE.

J'ai entendu raconter quelque chose de merveilleux d'une fontaine; ses eaux, dit-on, semblent pétrifier les objets qu'on leur confie. Par exemple, si l'on y dépose une grappe de raisin, quelque temps après on en retire une belle grappe en pierre.

M. VALMONT.

Oui, plusieurs sources ont cette propriété-là, parce que leurs eaux contiennent un sédiment qui s'attache et se moule sur les objets qu'elles rencontrent dans leur cours. En plaçant des médailles sous un filet d'eau

______
(1) Varron, cité par Pline.

de la source d'Arcueil , on en obtient des empreintes au bout d'un espace de temps plus ou moins considérable.

Les eaux de la fontaine de Saint-Allyre, à Clermont, département du Puy-de-Dôme, ont produit une merveille bien plus extraordinaire ; elles ont élevé un massif de pierre d'un seul bloc de deux cent quarante pieds de longueur. Ce *pont naturel* a dans une de ses parties jusqu'à douze pieds de largeur. Il ne doit absolument sa formation qu'aux sédiments que les eaux de cette source déposent continuellement.

En Amérique, le *pont naturel* de la Caroline du Nord est un des plus beaux monuments de la nature en ce genre ; c'est un rocher au fond d'un abîme, qui joint les parois de deux montagnes. Un ruisseau, par un travail de plusieurs siècles, a percé sa masse épaisse de quarante pieds environ, et coule aujourd'hui sous une voûte qui a cent cinquante pieds d'ouverture et deux cents pieds d'élévation.

Parmi les autres sources ou fontaines qui présentent quelques singularités , on en remarque une dans l'île de Zante, dont on tire tous les ans cent barils de poix noire. A trois ou quatre lieues de Bakou, ville du Shirvan, dans le nord de la Perse, on trouve plusieurs sources de naphte, espèce d'huile bitumineuse qu'on brûle dans les lampes.

Le gaz qui nous éclaire maintenant à Paris dans mille endroits divers, parce qu'il est amené dans ces endroits des grands réservoirs où il se trouve élaboré par le travail des hommes ; le gaz, dis-je, existe naturellement auprès de cette ville de Bakou, dans un terrain de plusieurs milles d'étendue. Les individus qui habitent sur ce terrain n'ont qu'à enfoncer à deux pouces en terre un tube quelconque pour avoir aussitôt de la lumière, en présentant du feu à l'extrémité de ce tube où la vapeur s'enflamme et brûle sans s'éteindre comme nous le voyons ici de tous côtés ; de sorte que ces gens profitent de cette propriété du terrain, non-seulement pour s'éclairer commodément et sans frais, mais encore pour faire cuire leurs aliments.

A Acqs, près de Foix, il y a une fontaine dont l'eau savonneuse sert à dégraisser et à blanchir les étoffes. Dans le comté de Waterford, en Irlande, on trouve une fontaine beaucoup plus merveilleuse ; elle fait blanchir sur-le-champ la barbe et les cheveux à ceux qui les lavent avec son eau. On trouve des sources qui ont un petit goût vineux ; on en voit aussi qui s'enflamment comme de l'esprit de vin (1).

ÉMILE.

Quoi ! l'eau peut même prendre feu ?

M. VALMONT.

Oui ; parce que dans ces sortes de sources il s'y mêle des matières bitumineuses, sulfureuses, ou des

(1) Journal des Savants, 1684. Rapport de Cassini à l'Académie des Sciences de Paris, 1687.

vapeurs inflammables. Écoutez cette relation curieuse de la *fontaine de Boseley*, dans la province de Shrops, en Angleterre :

« Au milieu d'un profond sommeil, les habitants du canton furent réveillés par un bruit terrible, et tel qu'on n'en avait jamais entendu de semblable : la terre parut si agitée qu'on crut toucher au moment de la destruction générale. Tout le monde en un instant fut sur pied ; ceux qui eurent assez de courage ou de sang-froid pour se hasarder à considérer la cause d'un pareil bouleversement sortirent de leurs maisons et se réunirent pour aller vers l'endroit d'où le bruit paraissait venir. De plus de deux cents personnes qui s'étaient rassemblées, il n'y en eut que sept ou huit qui osèrent s'approcher d'une petite montagne éloignée d'environ cent pas de la rivière de Severne, et au pied de laquelle était une fonderie. Elles s'aperçurent bientôt que tout le bruit venait de là : toute la surface de la terre y était en effet dans une agitation violente ; elle s'élevait et s'affaissait plusieurs fois dans l'espace d'une minute. Un homme de la compagnie, plus hardi que les autres, prit un couteau, avec lequel il fit en terre un trou de quelques pouces de diamètre ; aussitôt il sortit de terre, avec impétuosité, une eau jaillissante qui s'éleva jusqu'à six ou sept pieds : l'éruption en fut si violente que cet homme en fut renversé. Un moment après, le même homme ayant passé près de la source avec une lumière, l'eau prit feu et jeta des flammes. Lorsqu'on eut réitéré plusieurs fois la même expérience, le propriétaire du terrain, voulant conserver une singularité si curieuse, fit faire une citerne et la fit couvrir, en y laissant néanmoins une ouverture pour satisfaire la curiosité du public. Dès qu'on approche une lumière du trou fait au couvercle de cette citerne, l'eau prend feu et brûle comme de l'esprit de vin, aussi longtemps qu'on empêche l'air extérieur d'exercer sa force; mais aussitôt que le couvercle est levé, les flammes disparaissent. La chaleur de ce feu est telle que, si l'on met au trou du couvercle de la viande dans un pot plein d'eau, elle est cuite aussi promptement qu'elle pourrait l'être au plus ardent foyer. Ce même feu réduit en cendres de gros morceaux de bois vert. Ce qui cause le plus de surprise, c'est que, malgré sa violence, l'eau n'a pas le moindre degré de chaleur, et est aussi froide que celle des autres fontaines. Ainsi le feu n'y réside pas ; ce ne peut être qu'une vapeur inflammable qui a percé la terre en même temps que l'eau, qui pénètre même la source, et qui enfin s'y enflamme et brûle comme la naphte brûle dans l'eau (1). »

CÉLESTE.

Cet effet est bien étonnant ; il dut paraître miraculeux à ceux qui n'en connaissaient point les causes physiques.

M. VALMONT.

C'est pourquoi les anciens, bien moins instruits que nous en physique, considéraient comme des pro-

(1) Sigaud de Lafond.

diges surnaturels ce qu'aujourd'hui nous admirons seulement comme des phénomènes de la nature. J'ai vu, près de la petite ville de Colmar, en Provence, une fontaine qui est remarquable par ses intermittences. Quand elle est prête à couler, un léger murmure annonce son arrivée. Elle croît ensuite pendant une demi-minute ; alors elle jette de l'eau de la grosseur du bras, puis elle décroît pendant cinq à six minutes, et s'arrête un moment pour reprendre de nouveau son écoulement ; en sorte qu'elle coule et qu'elle s'arrête environ huit fois dans une heure. La petite rivière d'Hierre, située à quelques lieues de Paris, est remarquable par quelques singularités, ne gèle jamais, et ne déborde que très rarement. Dans le xive siècle, elle fut quelquefois plusieurs années sans couler ; ensuite on la voyait reprendre son cours pendant quelques mois : elle est encore fort irrégulière.

Près de Vesoul, il y a une source qu'on appelle le *Frès-Puits*. C'est un trou large de quatorze toises, dont la profondeur est de vingt ; il va en diminuant, comme un entonnoir, jusqu'à la largeur de deux toises : il n'y a qu'une fente par où l'eau s'écoule et produit une fontaine. Mais après les grandes pluies, l'eau monte quelquefois jusqu'à l'orifice extérieur, et se dégorge en si grande abondance, que la campagne en est inondée : cette inondation, qui cause ordinairement beaucoup de dommage aux terres, occasionna plusieurs fois la délivrance de Vesoul assiégée. Une fois, entre autres, des soldats allemands mutinés marchaient contre cette ville , se disposant à la saccager : ils avaient de l'artillerie et des échelles toutes prêtes. Le *Frès-Puits* inonda tout-à-coup la campagne , quoique la pluie n'eût duré que vingt-quatre heures. Les assiégeants crurent que les habitants avaient quelques cataractes en leur pouvoir ; ils s'enfuirent tous , et pour échapper plus vite à l'inondation abandonnèrent armes et bagages.

Mais c'est assez nous entretenir de ces effets singuliers de la nature ; je n'ai entrepris de vous parler que des beautés du premier ordre.

La plus remarquable , comme la plus célèbre des fontaines, est celle de Vaucluse , à quatre lieues d'Avignon. C'est un énorme massif de rochers , d'une hauteur prodigieuse. Dans les vastes flancs de ces rochers coulent les divers ruisseaux dont s'alimente la source. Pour parvenir au rocher d'où jaillit la fontaine, il faut monter par un chemin étroit et pierreux. Bientôt on aperçoit un antre assez profond, et que son obscurité rend effrayant à la vue. Si l'eau est basse, on peut y entrer ; alors on y voit deux grandes cavernes dont la première a plus de soixante pieds de haut sous l'arc qui en forme l'entrée ; l'autre, qui semble avoir cent pieds de large et presque autant de profondeur, n'a qu'environ vingt pieds d'élévation. C'est vers le milieu de cet antre que s'élève sans jets et sans bouillons, dans un bassin ovale d'environ dix-huit toises de diamètre, la source abondante qui donne naissance à la rivière de Sorgue. L'on assure qu'on n'a pu trouver le fond de ce bassin , quoique l'on y ait plusieurs fois jeté la sonde. Les eaux de la fontaine de Vaucluse ne sont pas moins limpides que le cristal le plus pur ; cependant l'ombre du rocher y répand une teinte noirâtre.

Dans son état ordinaire , l'eau de cette source s'échappe par des conduits souterrains , et arrive tranquillement jusqu'à son lit ; mais après de grandes pluies elle s'élève au-dessus d'une espèce de môle placé devant l'antre , y forme un bassin dont la surface est unie comme une glace ; ensuite elle se précipite avec grand bruit à travers les débris de rochers, les blanchit de son écume ; enfin, ayant heurté les nombreux obstacles qui arrêtent son impétuosité , elle va couler paisiblement non loin de là dans un lit commode.

Je ne puis mieux vous donner une idée des sensations que fait éprouver ce beau monument de la nature , qu'en vous rapportant cette lettre d'un auteur justement estimé : « Mes premiers empressements , dit-il , ont été pour la fontaine de Vaucluse : j'ai été la voir hier. Je ne sais pourquoi je dis hier, car il me semble que je la vois encore aujourd'hui.

» Je crois voir encore aujourd'hui s'échapper du milieu d'une chaine de montagnes, comme du fond d'un vaste entonnoir, une rivière qui monte, s'élève, et tout-à-coup se déborde avec une impétuosité , avec un tonnerre, avec un bouillonnement, avec une écume, avec des chutes que le pinceau du poète ni celui du peintre ne rendront jamais : c'est la fontaine de Vaucluse. Un instant après, cette rivière se calme, comme un heureux naturel que la vivacité emporte d'abord et que soudain la bonté modère. Elle change alors ses flots d'argent en flots d'azur, et les verse, et les roule, et les abandonne sur un tapis d'émeraudes ; mais bientôt elle se divise en une multitude de petits ruisseaux, pour courir à travers un vallon charmant. En sortant du vallon, ces ruisseaux se réunissent et partent de nouveau tous ensemble, par cent routes différentes, pour aller arroser, féconder, embellir, sous le nom de la Sorgue, le délicieux comtat d'Avignon... Vaucluse offre à la fois le tableau le plus admirable et le phénomène le plus singulier.

CÉLESTE.

Les poètes, en parlant de quelques fleuves, comme du Pactole, disent qu'ils roulent l'or dans leurs eaux ; cela est-il vrai ?

M. VALMONT.

Les poètes ont grossi les objets, en répandant l'or dans les eaux de ces rivières un peu plus libéralement que ne l'a fait la nature. Mais qu'il y ait eu des fleuves qui aient roulé de l'or dans le limon et avec le sable qu'ils jetaient sur leurs bords, c'est un fait attesté par le commerce qui se fait encore aujourd'hui de la poudre d'or que certaines rivières charrient : c'est la rivière des peuples qui habitent la Côte-d'Or en Guinée. La rivière d'Axem et plusieurs ruisseaux qui se déchargent dans le Zaïre , plusieurs rivières des vastes pays de Sophala , de Monomotapa , de Zanguebar et d'Abyssinie , entraînent plus ou moins de sable d'or, selon la quantité des pluies qui pénètrent la terre, et qui traversent les mines avant que d'arriver dans le lit des rivières. Ce privilége de rouler l'or n'a pas été accordé exclusivement aux rivières d'Afrique, ni à celles du Brésil ou du Chili , ni à celles de la Californie exploitées de nos jours avec tant d'ardeur. Nous en avons plusieurs en France sur les bords desquelles on amasse quelquefois ce sable précieux. L'Ariége , du côté de Pamiers et de Mirepoix , étale de temps en temps le long de son cours des paillettes d'or. On en trouve le long du Gardon et de la Cèze , petites rivières qui descendent des montagnes des Cévennes. Les hommes qui se livrent à cette recherche choisissent le temps de l'abaissement des eaux , après les crues ou les débordements.

ÉMILE.

Je voudrais bien demeurer auprès d'une rivière qui charrie ainsi de l'or; j'amasserais de grandes richesses.

M. VALMONT.

Détrompe-toi, mon ami ; l'or ne s'y trouve pas à pleines mains; il faut beaucoup de peines et de soins pour en tirer une très petite portion ; si quelques journées valent dix francs de profit à un travailleur qui cherche sur l'Ariége ou sur la Cèze , il y en a davantage où il est fort heureux de gagner trente à quarante sous ; il en est même où, ayant cherché inutilement, il ne gagne rien du tout.

Quelques rivières roulent aussi des pierreries, dont les unes sont veinées comme des agates, d'autres sont d'un vert d'émeraude, d'autres transparentes comme le cristal : on en fait divers bijoux. La rivière qui découle des montagnes du milieu de l'île de Ceylan apporte de temps en temps dans la plaine des rubis et d'autres pierres plus nettes et plus belles que celles qu'on trouve dans les mines du Pégu.

CÉLESTE.

Les perles ne se trouvent-elles pas aussi dans la mer ?

M. VALMONT.

Oui ; elles se forment dans des huîtres d'une espèce particulière, qu'on trouve dans la mer des Indes orientales, et qu'on pêche en abondance au cap Comorin et sur les bords de l'île de Ceylan. Les fleuves de la Chine en fournissent aussi, mais elles sont moins parfaites. Cléopâtre avait à ses oreilles deux perles les plus belles qu'on eût jamais vues ; chacune était estimée plus d'un million. La plus belle qu'on connaisse aujourd'hui enrichit la couronne des rois d'Espagne ; elle fut présentée à Philippe II, qui en fit l'acquisition.

La galiote aborda au lieu du débarquement, au grand regret des enfants, toujours plus avides d'é-

tendre leurs connaissances sur ces objets intéressants. M. Valmont leur promit de les entretenir,
dans la soirée, des principaux volcans, en commen-
çant par la description de ceux sortis du sein même
des eaux.

TROISIÈME ENTRETIEN.

VOLCANS.

Madame Valmont était réunie avec ses enfants, et ceux-ci attendaient avec impatience le retour de leur père, que des affaires avaient appelé hors de sa maison; il arriva enfin, et lorsqu'on le vit aller chercher le petit manuscrit, la joie éclata d'abord, puis on fit aussitôt un profond silence.

Je vais vous parler, leur dit-il, d'un prodige des plus étonnants, de feux renfermés dans les entrailles de la terre, et se faisant jour à travers une mer profonde. Les *îles Santorin*, dans l'archipel de la Grèce, ont vu s'opérer ce phénomène des plus intéressants. Les anciens ont écrit que toutes ces îles sont sorties du sein de la mer : ce qui s'est passé à différentes époques dans ces parages invite à adopter cette opinion. On y a vu successivement, par l'effet des feux souterrains, des îles nouvelles paraître, couper, séparer les anciennes, les avoisiner ou s'y joindre : de violentes commotions les arrachaient du sein de la mer pour les placer à la surface des eaux, d'autres révolutions les engloutissaient et les faisaient disparaître entièrement. L'éruption dont nous connaissons mieux les effets est celle qui effraya les habitants de ces îles en 1707. Le 23 mars de cette année, on aperçut de toute la côte de Santorin le commencement de l'île nouvelle. Ceux qui furent les premiers à l'apercevoir la prirent d'abord pour les débris d'un naufrage dont ils voulurent profiter ; mais quel fut leur étonnement en trouvant une masse de rochers qui sortaient du fond des eaux et s'étendaient sur leur surface ! Ce prodige avait été précédé par un tremblement de terre, et ce fut même le seul pronostic effrayant qui l'annonça. Il répandit parmi les habitants un effroi que justifiait la tradition constante de tous les désastres antérieurs.

La crainte céda bientôt à la curiosité : quelques Grecs eurent la hardiesse de débarquer sur cette terre nouvelle. Ils la trouvèrent couverte d'une pierre fort blanche et fort molle ; mais, ce qui est encore plus à remarquer, ils y trouvèrent une quantité d'huîtres fraîches, dont on ne voit presque jamais à Santorin. Ils étaient occupés à les ramasser, lorsqu'ils sentirent la terre se mouvoir, s'élever sous leurs pieds, et les porter avec elle. Effrayés, ils sautèrent dans leur bateau ; et l'on vit en très peu de jours la nouvelle île croître de vingt pieds en hauteur, et presque du double en largeur. Elle continua pendant deux mois à recevoir de nouveaux accroissements , que souvent elle reperdait aussitôt. D'énormes rochers portés sur les eaux se montraient, disparaissaient, et se fixaient enfin pour augmenter son volume ; mais un nouveau spectacle plus curieux et plus terrible se préparait.

Au mois de juillet, on vit paraître tout-à-coup, à soixante pas de l'île blanche déjà sortie , une chaîne de rochers noirs et calcinés qui furent bientôt suivis d'un torrent de fumée épaisse et blanchâtre. Cette fumée répandit une infection horrible ; partout où elle pénétra l'argent et le cuivre furent noircis, et les habitants éprouvèrent de violents maux de tête , accompagnés de vomissements. Quelques jours après, les eaux voisines s'échauffèrent, devinrent bouillantes, et l'on trouva sur le rivage une grande quantité de poissons morts. Un bruit affreux se fit entendre dans les entrailles de la terre ; de longs traits de flamme sortirent de la mer, et les rochers vomis par ce brasier s'amoncelèrent et se joignirent à la première île, qui conserva cependant encore quelque temps sa blancheur. Depuis cet instant la bouche du volcan ne cessa de jeter des torrents de feu et de rochers enflammés ; une pluie de pierre ponce couvrit la mer et toutes les îles voisines. Les habitants de Santorin cherchèrent un asile dans les antres et les cavernes.

Les éclats redoublés et les mugissements affreux d'un tonnerre souterrain, des rochers énormes lancés jusqu'aux nues, des torrents de soufre colorant les eaux, et des fleuves de feu s'étendant sur la surface d'une mer bouillonnante, tout se réunissait pour rendre ce tableau à la fois magnifique ou redoutable. Il fut presque continuel pendant le cours d'une année ; enfin les feux se calmèrent, et il ne resta plus qu'une fumée fort épaisse.

Le 15 juillet 1708, l'observateur dont nous tirons ces détails eut assez de courage pour aller examiner le théâtre encore menaçant de tant de phénomènes. « Nous eûmes soin, dit-il, de nous fournir d'une caïque (espèce de barque longue) bien calfatée, et dont les fentes avaient doubles étoupes enfoncées à force. Comme nous étions convenus de mettre pied à terre s'il était possible, nous fîmes tirer droit à l'île par un côté où la mer ne bouillonnait pas, mais où elle fumait beaucoup. A peine fûmes nous entrés dans cette fumée, que nous sentîmes une chaleur étouffante qui nous saisit. Nous mîmes la main dans l'eau, et nous la trouvâmes brûlante. Nous étions pourtant encore à cinq cents pas de notre terme. N'y ayant pas d'apparence de pousser plus loin de ce côté-là, nous tournâmes vers la pointe la plus éloignée de la grande bouche, et par où l'île avait toujours crû en longueur. Les feux qu'on y voyait, et la mer qui jetait de gros bouillons, nous obligèrent de prendre un long circuit ; encore sentions-nous bien de la chaleur. Chemin faisant, j'eus le loisir d'observer l'espace qu'occupait la nouvelle île : elle pouvait avoir alors deux cents pieds dans sa plus grande hauteur, un mille au moins dans sa plus grande largeur, et cinq mille de tour.

» Après avoir été plus d'une heure à considérer toutes ces choses, l'envie nous prit de nous approcher de l'île, et de tenter encore une fois de mettre pied à terre par l'endroit que j'ai dit avoir été longtemps appelé l'*île Blanche*. Il y avait plusieurs mois que cet endroit ne croissait plus, et jamais on n'y avait aperçu ni feu ni fumée : nous nous rembarquâmes, et furent ramer de ce côté-là. Nous en étions à près de deux cents pas, lorsque mettant la main dans l'eau nous sentimes que plus nous en approchions, plus elle devenait chaude. Nous jetâmes la sonde ; toute la corde, longue de quatre-vingt-quinze brasses (1), fut employée sans qu'on trouvât de fond. Pendant que nous étions à délibérer si nous irions plus avant, la grande bouche vint à jouer avec son impétuosité et son fracas ordinaire. Pour comble de disgrâce, le vent, qui était frais, porta sur nous le nuage de cendres et de fumée qui en sortit : nous fûmes heureux qu'il n'y portât pas autre chose. A voir comme nous étions faits après cette ondée de cendres, qui nous avait tous couverts, il y avait de quoi rire ; mais aucun de nous n'en avait envie : nous ne songeâmes qu'à nous en aller bien vite, et nous le fîmes très à propos. Nous n'étions pas à un mille et demi de l'île que le tintamarre recommença, et

____

(1) Une brasse contient la longueur des deux bras étendus avec le travers du corps, ce qui fait à peu près la longueur de six pieds.

jeta dans l'endroit que nous venions de quitter quantité de pierres allumées. De plus, en abordant à Santorin, nos mariniers nous firent remarquer que la grande chaleur de l'eau avait emporté presque toute la poix de notre caïque, qui commençait à s'ouvrir de tous côtés. »

Pendant les dix années suivantes, le fourneau de ce volcan a encore jeté plusieurs fois : il est aujourd'hui dans une inaction qui n'est peut-être que le présage de révolutions plus grandes encore. L'eau n'est plus chaude en aucun endroit, on n'y remarque même aucune exhalaison ; on voit seulement sortir par les côtés une grande quantité de soufre et de bitume qui nage sur les eaux sans s'y mêler, et les colore diversement, suivant la nature et la qualité des matières bitumineuses qu'elles entraînent.

Il existe de semblables foyers d'incendie dans plusieurs archipels. Le dernier jour de l'année 1720, et les jours suivants, il se forma tout-à-coup une île nouvelle dans le trajet de mer entre l'île de Saint-Saint-Michel (la plus volcanique des Açores) et Tertiara. Elle avait environ une lieue de circonférence ; elle était comme hérissée d'immenses rochers qui ressemblaient à de la pierre pouce. Toutes les nuits , des globes de feu et des torrents de matières enflammées s'élançaient jusqu'au ciel. Les eaux étaient très chaudes tout à l'entour, et la mer bouillonnait si fort au loin qu'il eût été dangereux à des vaisseaux d'approcher de l'île. Elle s'éleva au point qu'on pouvait la voir à la distance de huit à dix lieues :

qnelque temps après , cette île s'affaissa et disparut totalement.

Cette île Saint-Michel renferme une montagne vol- canique dont une éruption, qui eut lieu en 1628 , fit naître près du rivage, dans un endroit où il y avait plus de neuf cents pieds d'eau , un écueil vol- canique d'une lieue et demie de long , qui s'éleva de plus de soixante toises au-dessus de l'Océan. (La toise a environ six pieds.)

En août 1783 , le vaste foyer de deux souterrains sur lequel semble reposer presque en général toute l'Islande produisit aussi un embrasement au sein des eaux. Cette espèce de prodige jeta l'épouvante dans tous les cœurs. Au sud de Grinbourg , à en- viron trois lieues du roc des Oiseaux , on vit la mer bouillonner avec force , on entendit la terre mugir dans ses entrailles, on la sentit s'ébranler ; bientôt les eaux parurent lancer des flammes ; de leur sein s'éleva une terre nouvelle, ou plutôt un amas de laves (1) et de matières volcaniques qui, entr'ou- vert dans sa partie la plus élevée , servit de cheminée à un foyer souterrain qui cherchait à s'échapper. Cette île s'agrandit peu à peu depuis cette époque , et continua à lancer des flammes.

ÉMILE.

Qu'est-ce qui occasionne ces éruptions?

(1) On nomme *laves* , en général , les produits des volcans liqué- fiés par les feux souterrains ; ils s'élancent de l'intérieur, soit par- dessus les bords du cratère , soit par quelque ouverture latérale sous la forme de torrents embrasés.

M. VALMONT.

Ce sont des particules de fer, de soufre, de bitume qui se trouvent, dans ces endroits, réunies en grande abondance au sein de la terre.

ÉMILE.

Je ne conçois pas comment peuvent s'embraser toutes ces matières ainsi renfermées ?

M. VALMONT.

Je vous ai expliqué comment, par la pression, on voyait le bois s'allumer au milieu des glaces ; les naturalistes expliquent par les mêmes causes le feu des volcans : c'est par la pression, et de plus par une fermentation violente, que les matières combustibles renfermées dans les entrailles de la terre s'échauffent d'elles-mêmes, s'enflamment, puis ébranlent, soulèvent et dispersent les voûtes de leurs prisons pour s'élancer dans les airs.

CÉLESTE.

Une fois l'éruption faite, n'y a-t-il plus de danger ?

M. VALMONT.

Le danger se renouvelle sans cesse. Il y a des volcans qui s'éteignent ; mais vous verrez que les principaux, tels que le *Vésuve*, l'*Etna*, l'*Hékla*, sont plus ou moins tranquilles, mais brûlent continuellement. On a observé que les volcans sont dans le voisinage de la mer, et l'on a conjecturé, avec assez de vraisemblance, qu'ils s'alimentaient en pompant, par des conduits inconnus, toutes les matières grasses et inflammables que ses eaux contiennent. Des physiciens ont même soupçonné entre quelques-uns des communications sous-marines ; quelques faits particuliers semblent appuyer cette conjecture. Un auteur, en parlant du volcanisme des Açores, dit qu'en 1720, lorsqu'une roche formée de masses ferrugineuses fut lancée au-dessus des eaux, et s'éleva au milieu de cet archipel, on remarqua avec effroi qu'à mesure que l'île nouvelle se projetait au-dessus de l'Océan, le sommet du *volcan de Saint-Georges*, dans l'ile du Pic, s'abaissait, quoiqu'il y eût un intervalle de mer de plus de trente lieues entre les deux théâtres d'explosion (1).

ÉMILE.

Ces prodiges étonnent l'imagination !

M. VALMONT.

Aussi quelques peuples, plutôt que de soumettre leur imagination aux lois d'une saine physique, préfèrent-ils la laisser s'égarer dans des rêveries superstitieuses. Les Guanches, qui sont les habitants indigènes de Ténériffe, regardaient le *pic de Teyde* comme le soupirail du Tartare : il faut avouer que le spectacle des éruptions de ce volcan prête beaucoup à ces idées sombres. On ne peut approcher sans

(1) Histoire du Monde primitif.

danger de ce pic célèbre. Le philosophe anglais Edens, qui le visita en 1715, vit sur sa croupe un grand nombre de torrents de soufre enflammé, qui descendaient en formant mille sentiers tortueux : dans d'autres endroits, le sol même est brûlant, ou couvre sous une légère enveloppe d'immenses abîmes qui menacent à chaque instant le voyageur présomptueux du sort d'Empédocle. De la hauteur de son cratère, on aperçoit les vingt mille rochers qui forment la charpente de l'île, pyramides antiques de la nature, qui représentent de loin les ruines d'une Palmyre ou d'une Persépolis. De ce cratère il sort presque toujours de la fumée ou de la flamme, signe caractéristique et encore effrayant de ces anciennes et terribles explosions.

Deux célèbres voyageurs de ces temps modernes, MM. de Humboldt et Bonpland, ont visité ce pic de Teyde, la plus haute montagne volcanique du globe, puisqu'elle a une élévation de onze mille quatre cent vingt-quatre pieds au-dessus du niveau de la mer. Dans le récit de leur voyage, M. de Humboldt nous dit : « Quoique au fort de l'été, et sous le beau ciel de l'Afrique, nous souffrimes du froid pendant la nuit. Dépourvus de tente et de manteaux, nous nous étendîmes sur un amas de roches brûlées, où nous fûmes singulièrement incommodés par la flamme et la fumée que le vent chassait sans cesse vers nous. Nous avions essayé d'établir une sorte de paravent avec des draps liés ensemble ; mais le feu prit à cette clôture, et nous ne nous en aperçûmes que lorsque la plus grande partie était déjà consumée par les flammes. Nous n'avions jamais passé la nuit à une si grande élévation, et je ne me doutais pas alors que sur le dos des Cordilières nous habiterions un jour des villes dont le sol est plus élevé que la cime du volcan que nous devions atteindre le lendemain. Plus la température diminuait, plus le pic se couvrait de nuages. Le vent du nord les chassait avec force. La lune perçait de temps en temps à travers les vapeurs, et son disque se montrait sur un fond d'un bleu extrêmement foncé. L'aspect du volcan donnait un caractère majestueux à cette scène nocturne. Tantôt le pic était entièrement dérobé à nos yeux par le brouillard, tantôt il paraissait dans une proximité effrayante ; et, semblable à une énorme pyramide, il projetait son ombre sur les nuages placés au-dessous de nous. »

Le matin, MM. de Humboldt et Bonpland se mirent en route pour le sommet du pic. Quelle fut leur admiration lorsque, s'étant assis sur les bords du volcan, ils purent contempler le spectacle qui les environnait ! un ciel pur était sur leur tête ; sous leurs pieds, à une grande distance, des amas de vapeurs, continuellement agitées par les vents, roulaient comme les vagues de la mer; quelquefois un courant d'air les perçait tout-à-coup, et des forêts, des villages, le port d'Orotava avec ses vaisseaux à l'ancre, les vignes, les jardins dont la ville est entourée, apparaissaient comme par enchantement à travers ces larges crevasses, et se déroulaient dans un lointain immense : ainsi, du haut de ces régions désertes, nos deux voyageurs laissaient errer leurs regards sur un monde habité, et leur pensée s'égarait tour à tour dans les sublimes méditations de la science, dans la contemplation de la nature.

Quoique le pic de Teyde s'annonce toujours comme une montagne ardente, il n'y a pas eu de vraie éruption depuis 1304 : c'est à cette époque que le beau port de Garrachica, comblé par les laves brûlantes, cessa d'exister.

Maintenant nous allons nous entretenir du *mont Hékla*, fameux dans le monde par son volcan. Il se trouve à environ deux journées de marche de la source du Geyser, dont nous avons parlé. Le sommet forme trois pointes : celle du milieu est la plus haute ; il faut quatre heures de marche pénible pour y parvenir. On a estimé son élévation perpendiculaire de huit cent quarante toises au-dessus du niveau de la mer. Il sort souvent de son sommet des flammes et des torrents de matières brûlantes. Ce fut en 1693 que ces éruptions firent les plus grands ravages ; elles étaient si violentes que les cendres furent lancées dans toutes les parties de l'île, jusqu'à la distance de soixante lieues. Elles commencèrent le 5 avril, et continuèrent presque sans interruption jusqu'au 7 septembre suivant ; mais le cratère ne vomit point de laves. On a quelquefois trouvé, après les éruptions du mont Hékla, du sel en si grande quantité, qu'il y avait de quoi en charger nombre de chevaux. La mer n'est éloignée que d'environ cinq quarts de lieue ; cela contribue à confirmer l'opinion des savants, qui pensent qu'il y a connexion entre les mers et les volcans, tant de ceux qui vomissent des matières embrasées, que de ceux qui vomissent de l'eau alternativement.

CÉLESTE.

Il y a donc des volcans qui jettent aussi de l'eau ?

M. VALMONT.

Oui ; et l'on attribue l'explosion de ces colonnes d'eau à la chute de sources souterraines sur le bitume embrasé. Il y a, près de Guatimala en Amérique, deux montagnes dont l'une s'appelle *volcan de feu*, et l'autre *volcan d'eau*, à cause qu'elle jette quantité de ruisseaux. On dit de la première, qu'on peut lire une lettre la nuit, à la lueur de ses flammes, à la distance de trois milles (1).

Il se fait de temps à autre, dans les diverses contrées du globe, des éruptions volcaniques qui ne sont que passagères. En 1584, à une demi-lieue de la ville d'Aigle, au canton de Berne, après de grands tremblements de terre de dix à douze minutes, et qui redoublèrent pendant trois jours consécutifs, on vit un matin s'élancer d'un entre-deux de rocher une prodigieuse quantité de terre poussée par des exhalaisons renfermées qui faisaient effort pour se porter au dehors. Cette terre combla en peu d'instants les vallons et la campagne voisine. Un hameau entier en fut d'abord abimé, à une maison près, et la terre augmentant à mesure qu'elle roulait

(1) Trévoux.

comme une pelote de neige, ensevelit , dans un village au-dessous du hameau dont nous venons de parler, soixante-neuf maisons, cent six granges, plus de cent personnes, et quantité de bétail. Cette explosion de terre, accompagnée d'une grêle de pierres, et d'une nuée mêlée d'étincelles et de fumée qui répandait partout une odeur de soufre, occupa environ une lieue d'étendue et la largeur de douze arpents. Ce fut sans doute aux efforts que fit ce volcan pour se mettre au large qu'on dut attribuer le tremblement de terre qu'on avait éprouvé pendant quelques jours.

CÉLESTE.

Que les commotions de la nature sont violentes !

M. VALMONT.

Elles offrent quelquefois des singularités étonnantes. En 1660, Bordeaux et Narbonne éprouvèrent un tremblement de terre qui fit disparaître une montagne de Bigorre, et mit un lac en sa place.

Un événement de ce genre est encore survenu récemment en France : le 15 juin 1821, à dix heures du matin, un bruit épouvantable se fit entendre pendant plus de cinq à six minutes dans les environs d'Aubenas, et retentit à plus de six lieues à la ronde. On ne savait à quoi l'attribuer, lorsqu'au même instant une très haute montagne, dite *Gerbier de jonc*, au pied de laquelle la Loire prend sa source, s'affaisse, disparaît et ne présente plus qu'un lac. Cette

montagne était si élevée que l'on ne parvenait qu'a-
vec beaucoup de peine à son sommet, qui se ter-
minait en pointe, et à l'extrémité de laquelle se
trouvait une fontaine. La commotion fut si forte
qu'elle produisit un tremblement de terre à cinq
lieues de circonférence, jusqu'au Champ-Raphaël,
canton d'Antraigues.

Les journaux de Londres, du 20 janvier 1817,
rapportent qu'à Bigor, près de Sussex, un verger
rempli de jeunes pommiers a glissé d'un coteau, a
traversé un champ, passé un ruisseau, et s'est établi
enfin dans un autre champ, où les arbres se trouvent
dans une direction droite, comme s'ils y avaient été
plantés depuis plusieurs années. On voit sur la route
qu'a parcourue le verger des arbres debout qui se
sont arrêtés en chemin. Un fait aussi remarquable
avait eu lieu du temps de Pline, la dernière année
du règne de Néron. « Au territoire de Marus, dit ce
savant naturaliste, un plant d'oliviers appartenant à
Vectius Marcellus, chevalier romain, fut transporté
tout entier au-delà du chemin public. »

En 1665, après des secousses affreuses dans le
Canada, un espace de cent lieues de rochers s'aplanit,
et n'offrit plus aux yeux qu'une vaste plaine.

On a vu aussi la mer mugissante franchir avec une
force irrésistible ses limites, et lancer des navires au
milieu des forêts. Ce fait est arrivé plusieurs fois,
notamment lors des tremblements de terre au Mexique. Dans un ouragan essuyé à la Guadeloupe, le
9 septembre 1738, un vaisseau du port d'environ

huit mille quintaux, ancré dans un mouillage, fut porté à plus de huit mille pas dans les terres.

J'aurais à vous parler aussi des derniers tremblements de terre survenus dans la Sicile ; mais vous avez lu cela vous-mêmes dans les journaux. Quelles calamités ! que de ruines !

Mais ne nous arrêtons pas à ces phénomènes passagers. J'ai promis de vous parler de ces monts imposants dont le sommet pousse continuellement vers le ciel des tourbillons de fumée, et d'où sortent de temps à autre des flammes si prodigieuses qu'elles semblent embraser tout l'espace des airs : c'est un tableau effrayant, mais il est digne d'admiration.

Je commencerai par le *mont Etna*, élevé de seize cent soixante-douze toises au-dessus du niveau dé la mer. Les ravages que son feu a occasionnés remontent à la plus haute antiquité. On cite plusieurs éruptions qui portèrent la dévastation jusqu'à des distances très éloignées : celle qui eut lieu du temps de Jules César fut si violente, au rapport de Diodore de Sicile, que la mer, près de l'île de Lipari. brûlait les vaisseaux, et que les poissons mouraient de chaleur. (L'île de Lipari est à quarante milles (1) de la côte septentrionale de la Sicile.)

Voici la relation abrégée d'un voyage qu'y fit, en 1781, le commandeur de Dolomieu :

« Le 22 juin, je partis de Catane à la pointe du

____

(1) Le mille d'Italie a mille pas géométriques, c'est-à-dire un peu plus d'un tiers de la lieue commune.

jour : j'étais à la tête d'une troupe de huit personnes ; je pris la route de Nicolosi, comme la plus agréable. La fraîcheur de l'atmosphère, la position charmante de toutes les maisons, les arbres qui les entourent, une campagne d'une fertilité prodigieuse, la vue de la mer et de Catane ; le soleil levant qui, en frappant de ses rayons·cette partie de la montagne, y répandait la vie et l'action, tout, en un mot, se réunissait pour nous offrir le spectacle le plus ravissant. J'arrivai à midi à Nicolosi. Ici l'aspect de la campagne change ; toute la plaine inclinée qui est au-dessus du village ne présente plus que l'image de la dévastation. On y voit un espace de deux milles de diamètre couvert de cendres noires et rougeâtres, très mobiles, et auxquelles les vents donnent une forme d'ondulation semblable à celle de la mer. Au centre est une montagne conique formée de scories rougeâtres, très obscures, qui lui ont fait donner le nom de *monte Rosso*. De son pied s'échappe un courant de lave, à qui cent douze ans n'ont encore changé ni l'intensité de sa couleur noire très foncée, ni diminué les aspérités de sa surface. Cette lave porte avec elle l'image de l'enfer ou du chaos, et fait une impression extraordinaire sur ceux qui la voient pour la première fois. Elle présente, dans des parties, des crevasses et des cavités profondes, et dans d'autres des masses énormes de scories et de matières fondues, que l'on ne peut concevoir s'être soutenues et être restées presque suspendues en l'air. Cette lave a formé des grottes qui ont trois ou quatre lieues de longueur sur une largeur de trois ou

4..

quatre toises, et une hauteur de dix à vingt pieds. Les murs latéraux et la voûte sont aussi lisses que s'ils avaient été taillés à mains d'hommes.

» Je partis de Nicolosi à cinq heures du soir ; nous arrivâmes avant la nuit au lieu que nous avions désigné pour notre station, à la *grotte des Chèvres.* C'est une excavation produite par la dégradation des eaux sous un très gros rocher de lave, et qui peut contenir une douzaine de personnes. Pour nous préserver du froid, nous coupâmes un gros arbre, et nous établîmes un très grand feu en face de la grotte : nous avions recueilli des feuilles pour nous coucher dessus. A minuit, j'appelai tout le monde : je voulais arriver sur le cratère au soleil levant. Nous marchions presqu'à tâtons ; le froid était très vif. Je fis plusieurs chutes et me déchirai les jambes. J'arrivai sur la plaine, auprès de la *tour du Philosophe.* (Des huit compagnons de voyage qui avaient accompagné M. Dolomieu, une partie avait renoncé à l'entreprise, les autres s'étaient égarés ; notre voyageur se trouvait seul.) L'obscurité, le silence et la solitude la plus absolue qui régnaient autour de moi, continue-t-il, l'absence de toute végétation comme de la plus légère trace d'aucun être vivant, la flamme et la fumée que je voyais de loin sortir du milieu des glaces et des neiges, tout, je l'avoue, était fait pour m'inspirer de l'effroi.

» Cependant l'aurore commençait à rougir l'horizon ; moi-même je me voyais éclairé par une flamme blanche et tranquille qui s'élevait de la sommité de l'Etna et au-dessus d'une des pointes du cratère. Je traversai avec empressement la plaine qui me séparait du pied du cône enflammé ; je marchais tantôt sur une neige très dure et très compacte, tantôt sur une cendre noire et mouvante, où j'enfonçais jusqu'aux genoux ; et plusieurs fois je pensai me précipiter dans des espèces d'entonnoirs, d'un ou deux pieds de diamètre, qui étaient semblables à l'ellipse d'un fourneau, et d'où sortait continuellement une fumée blanche et brûlante. Arrivé au pied du cône, je me trouvai alors au plus difficile de l'entreprise ; lorsque j'avais monté dix toises, je reculais d'autant, et me trouvais enseveli sous les scories. Enfin, après des peines inouïes, après m'être écorché les mains et le visage, j'arrivai sur les bords du cratère un peu après le lever du soleil. »

ÉMILE.

Combien il en coûte de peines pour visiter ces lieux !

M. VALMONT.

Toutes ces souffrances augmentent peut-être encore la satisfaction que les voyageurs éprouvent : c'est comme l'épine qui, en nous piquant, semble nous faire trouver plus délicieux le parfum de la rose. Revenons à notre voyageur que nous avons laissé sur les bords du cratère. « Là, dit-il, je m'assis pour jouir du prix de mes peines. Je fus quelques moments à reprendre haleine et à me préparer au grand spectacle qui se présentait à moi. L'air était pur et le ciel serein ; ma vue se portait sur une étendue immense. Le soleil se levant derrière les montagnes de la Calabre frappait de ses rayons la masse de l'Etna , et une partie de l'île qu'il couvrait de son ombre restait encore dans les ténèbres. A mesure que le soleil montait au-dessus de l'horizon, toutes ces contrées paraissaient sortir du néant, et je croyais présider à leur création. Jamais spectacle plus grand et plus imposant ne pouvait s'offrir à mes regards.

» Le diamètre du cratère est d'environ cinq cents pas. L'intérieur ne présente plus ce vaste gouffre décrit dans plusieurs relations ; mais il renferme une espèce de plaine qui n'est qu'à douze pieds au-dessous des bas bords du cratère , et qui est entourée d'escarpements. Il ne me fut pas possible de descendre dans ce bassin, quelque désir que j'en eusse , et les tentatives que je fis furent périlleuses, mais sans succès. Je vis, du lieu où j'étais, qu'il renfermait plusieurs monticules coniques ressemblant parfaitement à des pyramides ou cônes de charbon dans lesquels le feu serait , et dont la fumée sortirait de tous les points de la surface. Je comptai sept de ces monticules élevés sur ce plafond à différentes distances les uns des autres : le plus haut peut avoir vingt toises. Chacun d'eux a sur son sommet une petite ouverture d'où la fumée sortait par bouffées. Dans le centre.de cette plaine, j'aperçus une cavité en forme d'entonnoir, d'une vingtaine de toises de diamètre, mais dont je ne pus pas juger la profondeur. Il en sortait , ainsi que d'une infinité de petits trous de ce même sol et des bords du cratère , une fumée abondante dont l'odeur me parut semblable à celle de l'acide sulfureux. Je restai à peu près une heure et demie à observer tout ce qui m'entourait ; enfin je fus chassé de ma station par le froid qui m'avait pénétré jusqu'aux os, quoique je fusse extrêmement couvert , et que de temps en temps je me chauffasse les mains à la fumée qui sortait de toutes parts autour de moi. »

Une éruption de l'Etna, arrivée le 12 janvier 1693, fit des ravages effroyables. Le dégorgement du volcan fut précédé d'un tremblement de terre qui se fit sentir dans toute la Sicile, et dura trois jours à diverses reprises. Les villes de Catane et d'Agouste , distantes de quatre milles du volcan, furent entièrement détruites. Il se fit dans la montagne une ouverture de plus de soixante toises de circonférence, qui vomissait, avec un mugissement horrible , des tourbillons de flammes et des quartiers de rochers à demi calcinés. Les petites villes de Carlentini, de Léontini et de Modica furent ensevelies sous les cendres. On vit un torrent de laves , d'une lieue de large , couler avec impétuosité dans la campagne, anéantissant tout sur son passage. Cette rivière de feu ne fut arrêtée que par la mer, où elle alla se jeter.

L'éruption de 1763 présenta un phénomène singulier. Il s'élança d'abord de la bouche du volcan une grande quantité de scories qui formèrent une espèce de retranchement circulaire : elles firent ainsi obstacle au cours de la lave qui sortit peu après, et s'y accumula comme dans un bassin. Lorsqu'il fut plein, il passa par-dessus ses bords, et présenta alors le superbe spectacle d'une cascade de feu et de matières enflammées qui avaient presque autant de fluidité que l'eau.

Mme VALMONT.

Le feu de l'Etna fit naître une de ces actions sublimes qui honorent l'humanité. Deux enfants, Anphinone et son frère, fuyaient loin du volcan dévastateur, lorsqu'ils aperçurent leur père et leur mère, accablés de vieillesse et d'infirmités, sortant de leur maison, et pouvant à peine marcher. Ils courent à eux, les prennent dans leurs bras et se partagent ce précieux fardeau, sous lequel ils sentent augmenter leurs forces. Quoique l'incendie exerce sa fureur de tous côtés, les deux frères parviennent à échapper à ses ravages, et conservent ainsi la vie aux auteurs de leurs jours. Les poètes ont célébré les louanges de ces deux enfants, et Syracuse et Catane se disputent encore aujourd'hui l'honneur de leur avoir donné naissance.

ÉMILE.

A moins que d'avoir un bonheur aussi grand que celui d'Anphinone, je ne voudrais pas habiter dans le voisinage d'un volcan.

M. VALMONT.

On voit cependant des villages, des bourgs, des

villes, construits sur le sol même où ont existé d'autres villages, d'autres bourgs, d'autres villes que des éruptions ont fait disparaître. Des habitants de Catane, en creusant, trouvèrent, à la profondeur de soixante-huit pieds, d'anciens monuments de marbre qui font conjecturer que cette ville était anciennement dans un fond, et que ces vastes torrents de flammes, entraînant avec eux beaucoup de matières, en auront comblé le pays, et élevé ainsi le terroir où Catane d'aujourd'hui se trouve située sur ses propres ruines.

La ville d'Herculanum, presque détruite sous le règne de Néron, avait été reconstruite par ses habitants; durant le règne de Titus, elle fut de nouveau abimée sous un fleuve de laves sorti de la bouche du Vésuve; Pompeïa fut de même engloutie : eh bien ! on a bâti Portici presque sur le lieu où furent ensevelies Herculanum et Pompeïa.

Regardez ce dessin ; il vous donnera une idée de l'effet terrible de ces éruptions. Cette formidable gerbe de feu, qui dura trois quarts d'heure de suite, s'éleva jusqu'à une hauteur prodigieuse. On a estimé qu'elle devait avoir égalé celle de trois fois le Vésuve, ce qui peut revenir à deux mille pas géométriques, ou dix mille pieds.

Pline le jeune, en racontant la mort de son oncle Pline l'ancien (le plus grand naturaliste de l'antiquité), nous a transmis la description d'une éruption terrible du Vésuve, arrivée l'an 79 de Jésus-Christ. Ecoutez cette lettre, qui était adressée à l'historien Tacite :

« Mon oncle, dit Pline, était à Mysène, où il com-
mandait la flotte. Le 23 d'août, une heure environ
après-midi, comme il était sur son lit, occupé à
étudier, ma mère monte à sa chambre, et lui annonce
qu'il s'élève dans le ciel un nuage d'une grandeur
et d'une figure extraordinaire. Mon oncle se lève ; il
examine le prodige, mais sans pouvoir reconnaître,
à cause de la distance, que ce nuage montait du
Vésuve. Il ressemblait à un grand pin ; il en avait
la cime, il en avait les branches. Sans doute un vent
souterrain le poussait avec impétuosité et le soute-
nait dans les airs. Il paraissait tantôt blanc, tantôt
noir, tantôt de diverses couleurs, suivant qu'il était
plus ou moins chargé ou de cailloux ou de cendres.
Mon oncle fut étonné ; il crut ce phénomène digne
d'être examiné de près. Vite, une galère ! dit-il ; et
il m'invite à le suivre : j'aimai mieux rester pour
étudier. Mon oncle sort donc seul, et, ses tablettes à
la main, il s'embarque.

» Le tremblement de terre qui depuis plusieurs
jours agitait aux environs tous les bourgs et les villes
augmentait à tout moment. J'allai auprès de ma
mère, et nous descendîmes dans la cour. Nous y res-
tâmes quelque temps tranquilles ; mais bientôt les
maisons chancelèrent à un tel point que nous réso-
lûmes de quitter Mysène. Le peuple épouvanté nous
suivit ; car la frayeur imite quelquefois la prudence.
Sortis de la ville, nous nous arrêtons : nouveaux
prodiges, nouvelles terreurs. Le rivage, qui s'élar-
gissait sans cesse, couvert de poissons demeurés à
sec, s'agitait à tout moment et repoussait fort loin

la mer irritée qui retombait sur elle-même, tandis que devant nous s'avançait, des bornes de l'horizon, un nuage noir chargé de feux sombres, qui continuellement le déchiraient et jaillissaient en larges éclairs.

» Un de nos amis vient à nous effrayé, et nous crie : Sauvez-vous ! Presque aussitôt la nue s'abat des cieux sur la mer et l'enveloppe : elle nous dérobe l'île de Caprée et le promontoire de Mysène. — Sauve-toi, mon cher fils, s'écrie ma mère, sauve-toi ! tu le dois et tu le peux, car tu es jeune et agile ; pour moi, chargée d'années et d'infirmités, je suis satisfaite si je ne suis point cause de ta mort. — Ma mère, point de salut pour moi qu'avec vous ! Je la prends par la main et je l'entraine. — Oh mon fils ! disait-elle en pleurant, je te retarde !

» Déjà la cendre commençait à tomber ; je tourne la tête : une épaisse fumée qui inondait la terre comme un torrent se précipitait vers nous. J'engageai ma mère à quitter le grand chemin, parce que la foule qui accourait nous eût étouffés dans les ténèbres. A peine nous étions-nous détournés, qu'il fit absolument nuit. Alors ce ne fut plus que plaintes de femmes, que gémissements d'enfants, que cris d'hommes. On entendait à travers les sanglots, et avec les divers accents de la douleur : *Mon père ! mon fils ! ma femme !* On ne se reconnaissait qu'à la voix. Celui-ci déplorait sa destinée ; celui-là le sort de ses proches ; les uns imploraient les dieux, les autres cessaient d'y croire ; plusieurs appelaient la mort même contre la mort. On disait que l'on était maintenant enseveli avec le monde dans la dernière des nuits, dans celle qui devait être éternelle ; et au milieu de tout cela, que de récits funestes ! que de terreurs imaginaires ! La frayeur outrait tout et croyait tout.

» Cependant une lueur perce les ténèbres ; c'était l'incendie qui approchait ; mais il s'arrête, s'éteint ; la nuit redouble, et avec la nuit la pluie de cendres et de pierres. Nous étions obligés de nous lever de moment en moment pour secouer nos habits... Enfin, cette épaisse et noire vapeur peu à peu se dissipe ; le jour renaît ; le soleil même reparaît, mais terne et jaunâtre, tel qu'il se montre dans une éclipse. Quel spectacle s'offrit alors à nos regards encore incertains et troublés ! Toute la terre était ensevelie sous la cendre, comme elle l'est en hiver sous la neige : le chemin ne paraissait plus. Nous retournâmes à Mysène, qui avait été abandonnée. Nous reçûmes bientôt après des nouvelles de mon oncle : hélas ! nous avions toute raison d'en être inquiets !

» Je vous ai dit qu'après nous avoir quittés à Mysène il était monté sur une galère : il dirigea sa route vers Rétine et les autres bourgs menacés. Tout le monde en fuyait ; il y entre. Au milieu de la confusion générale, il observe attentivement la nue, il en suit tous les phénomènes, et à mesure il dictait à son secrétaire le récit de ses observations. Mais déjà une cendre épaisse et brûlante s'abattait sur sa galère, déjà les pierres tombaient à l'entour ; déjà le rivage était comblé de quartiers entiers de montagnes : mon oncle hésite s'il retournera sur ses pas , ou s'il gagnera la pleine mer. La fortune seconde le courage , s'écrie-t-il; tournez vers Pomponianus. Pomponianus était à Stabie ; mon oncle le trouve tout tremblant. Il l'embrasse , l'encourage ; et , pour rassurer son ami par sa sécurité , demande un bain , se met ensuite à table et soupe gaiement, ou du moins, ce qui prouverait autant de caractère , avec toutes les apparences de la gaité.

» Cependant le Vésuve s'enflammait de toutes parts dans la profondeur des ténèbres. Ce sont des villages abandonnés qui brûlent, disait mon oncle à la foule , pour tâcher de la rassurer. Ensuite il se couche , il s'endort. Il dormait du sommeil le plus profond , lorsque la cour de la maison commence à se remplir de cendres : toutes les issues s'obstruaient. On court à lui; il fallut l'éveiller. Il se lève, il rejoint Pomponianus , et délibère avec lui et sa suite sur le parti qu'il faut prendre. Resteront-ils dans la maison? fuiront dans la campagne? S'ils restent , comment échapper à la terre qui s'entr'ouvre , et, s'ils fuient , aux pierres qui tombent? On choisit le dernier parti. A l'instant on sort de la ville , et pour toute précaution on se couvre la tête d'oreillers. Le jour commençait partout ailleurs, mais là continuait la nuit : nuit horrible ! la nue en feu l'éclairait. Mon oncle voulut s'approcher du rivage, malgré la mer qui était encore grosse ; il descend , boit de l'eau , fait étendre un drap, et se couche. Tout-à-coup des flammes ardentes , précédées d'une odeur de soufre , brillent, et font fuir au loin tout le monde. Mon oncle, soutenu par deux esclaves, se lève ; mais soudain, suffoqué par la vapeur, il retombe et cesse d'exister. »

CÉLESTE.

Quelle catastrophe ! Et comment ne fuit-on pas à jamais un lieu si terrible !

M. VALMONT.

Les éruptions du Vésuve, sa fumée et le feu qu'il vomit continuellement, l'épouvante qu'il a répandue autour de lui à différentes époques, les villes et les villages qu'il a fait disparaître, tout cela n'empêche pas non-seulement d'habiter aux environs, mais même de le fréquenter assez légèrement. L'homme s'est tellement familiarisé avec cet imposant spectacle, que journellement des voyageurs bravent tous les dangers pour visiter ce mont. On en a vu joûter à qui s'approcherait davantage du cratère, à qui s'y maintiendrait plus longtemps ; entre autres, le duc d'Hamilton et le docteur Moore, qui y firent un voyage, faillirent être victimes de leur hardiesse : un banc de laves sur lequel ils s'étaient assis tomba dans l'abime au moment où ils venaient de le quitter.

CÉLESTE.

Quelle hardiesse ! Quelle témérité ! je suis passablement curieuse ; mais je crois que je n'aurais jamais le courage de risquer ainsi ma vie pour visiter ces lieux.

M. VALMONT.

Ce courage-là est une présomption très crimi-
nelle ; l'intérêt seul de l'humanité peut justifier une
telle folie.

Je vais vous faire connaître le récit d'une visite
faite au sommet du Vésuve.

« Arrivés, dit M. Dupaty, vers les six heures du
soir à Résina, petit village au-delà de Portici, je
quitte la voiture qui m'a conduit, et je monte sur
un mulet. Trois hommes robustes m'accompagnent
avec une provision de flambeaux. Je commence par
monter entre deux champs couverts de peupliers, de
mûriers, de figuiers entrelacés de vignes souples et
vigoureuses, qui tantôt s'appuient et se suspendent
à ces arbres, tantôt montent et se soutiennent d'elles-
mêmes au milieu des airs.

» Après avoir traversé pendant une heure de beaux
vergers, j'arrive à une lave immense : le Vésuve l'a
vomie dans une éruption, il y a environ soixante ans.
Elle fit pâlir toute la ville de Naples ; mais, après
l'avoir menacée un moment, elle s'arrêta là. Quoique arrêtée et éteinte, elle effraie encore et menace.
Les bords de cette lave sont tapissés, comme les
bords de la Seine, de gazons et de fleurs, et om-
bragés çà et là de jeunes arbustes qu'une cendre
féconde arrose, pour ainsi dire, et nourrit toujours.
Après avoir suivi quelque temps un sentier difficile,
je me trouvai sur des rochers affreux, au milieu de
la cendre mouvante. Là la terre cesse pour le pied
des animaux, mais non pas pour celui de l'homme.

Nous gravîmes péniblement des monceaux de scories qui s'écroulaient nos pas. Je m'arrêtai un moment pour contempler.

» Devant moi, les ombres de la nuit et les nuages s'épaississaient de la fumée du volcan, et flottaient autour du mont ; derrière moi, le soleil, précipité au-delà des montagnes, couvrait de ses rayons mourants la côte de Pausilippe, Naples et la mer, tandis que, sur l'île de Caprée, la lune à l'horizon paraissait ; de sorte qu'en cet instant je voyais les flots de la mer étinceler à la fois des clartés du soleil, de la lune et du Vésuve. Lorsque j'eus contemplé cette obscurité et cette splendeur, cette nature affreuse, stérile, abandonnée, et cette nature riante, animée, féconde, l'empire de la mort et celui de la vie, je me jetai à travers les nuages et je continuai de gravir. Je parvins enfin au cratère.

» C'est donc là ce formidable volcan qui brûle depuis tant de siècles, qui a submergé tant de cités, qui a consumé des peuples ; qui menace à toute heure cette vaste contrée, cette Naples, où dans ce moment beaucoup peut-être ne pensent pas seulement à lui ! Quelle lueur autour de ce cratère ! quelle fournaise ardente au milieu ! D'abord ce brûlant abîme gronde ; déjà il vomit dans les airs, avec un épouvantable fracas, à travers une pluie épaisse de cendres, une immense gerbe de feu : ce sont des millions d'étincelles ; ce sont des milliers de pierres, que leur couleur noire fait distinguer, qui sifflent, tombent, retombent, roulent : en voilà une qui roule à cent pas de moi. L'abîme tout-à-coup se referme, puis tout-à-coup il se rouvre, et vomit encore un incendie. Cependant la lave s'élève sur les bords du cratère ; elle gronde, elle bouillonne, coule et sillonne en longs ruisseaux de feu les flancs de la montagne.

» J'étais vraiment en extase. Ce désert, cette hauteur, cette nuit, ce mont enflammé !... J'aurais voulu passer la nuit auprès de cet incendie, et voir le soleil, à son retour, l'éteindre de l'éclat de ses rayons éblouissants ; mais le vent, qui soufflait avec impétuosité, m'avait déjà glacé, et je retournai sur mes pas. »

CÉLESTE.

Comment ! il y a sur le mont Vésuve même des mûriers, des figuiers, des vignes, de beaux vergers enfin ?

M. VALMONT.

Oui ; la terre est végétale depuis sa base inférieure jusque vers la moitié de la hauteur.

ÉMILE.

Quelle est la hauteur du Vésuve ?

M. VALMONT.

Elle est évaluée à trois mille sept cent quatre-vingts pieds au-dessus du niveau de la mer : la base inférieure a trois lieues de tour ; la Méditerranée en baigne une partie.

CÉLESTE.

Ne parle-t-on pas de huit Français descendus dans le cratère : on a sans doute conservé leurs noms?

M. VALMONT.

Oui : ce sont MM. Debeer, secrétaire de l'ambassadeur français à Naples ; Houdouart, ingénieur en chef des ponts et chaussées, attaché à l'armée d'Italie ; Wicar, peintre ; Dampierre, adjudant-commandant ; Bagneris, médecin à l'armée d'observation ; Fressinet, Andras, voyageurs français, et Moulin, inspecteur des postes.

ÉMILE.

Je tremble pour eux. Le foyer de ce volcan est-il très profond?

M. VALMONT.

Le foyer est enfoncé de deux cents pieds au-dessous des bords supérieurs de la bouche du volcan. C'était ces deux cents pieds de l'intérieur du Vésuve qu'il s'agissait de parcourir pour arriver au cratère, et y observer les nombreuses fumerolles, les longues crevasses, les feux qui sortent même en plusieurs endroits, enfin les matières variées et fumantes encore dont ce cratère est composé.

Les parois intérieures du volcan sont à pic ou très escarpées, et composées de cendres, de laves et de grosses pierres calcaires : mais ces laves et ces pierres, ne formant aucune liaison avec la cendre, ne peuvent servir de point d'appui, et le moindre mouvement, le moindre déplacement entraîne et fait écrouler ces espèces de rochers, quand on a l'imprudence de s'y fixer. De plus, du sommet du Vésuve au cratère, la pente étant singulièrement rapide, ne peut être parcourue que les pieds et les mains à terre, en se laissant couler au milieu d'un torrent de laves. Enfin, ce qu'il y a de plus dangereux, ce sont des excavations effrayantes, qui ne peuvent être franchies qu'en s'abandonnant dans l'espace pour retrouver la pente inférieure. Rien de tout cela n'intimida nos voyageurs. Ecoutons le récit qu'ils nous font de leur excursion périlleuse :

« Sans avoir égard aux terreurs que cherchèrent à nous inspirer les Napolitains, après avoir reçu leurs adieux comme si notre séparation eût dû être éternelle, nous partîmes le 29 messidor, à onze heures et demie du soir, de l'hôtel de l'ambassadeur de France, au nombre de quatorze Français, munis de cordages, d'ustensiles présumés nécessaires, et surtout d'un fonds d'espérance qui ne nous a point quittés pendant toute l'opération, même aux moments des dangers les plus imminents. Nous sommes arrivés en voiture, à minuit, au pied du Vésuve. Là, l'adjudant-commandant Dampierre à notre tête, tous montés sur des mulets exercés et marchant l'un après l'autre, nous arrivâmes, au milieu des ténèbres épaisses de la nuit, à la moitié de la hauteur escarpée du Vésuve. Nos guides étaient nombreux, et nos torches allumées donnaient à notre expédition

un air mystérieux et lugubre. Ne descendions-nous
pas là dans la pensée d'en rapporter quelques connaissances utiles à nos semblables? Arrivés vers la
moitié de la hauteur, nous fûmes obligés de mettre
pied à terre, et nous gravîmes dans la cendre jusqu'au genou la partie la plus rapide et la plus difficile du Vésuve. Couverts de sueur et épuisés de
fatigue, nous atteignîmes le sommet à deux heures
et demie du matin... Nous jouîmes d'abord du plus
magnifique des spectacles, celui de la superbe vue
de la ville et du port de Naples, des coteaux brillants
qui l'entourent, et de la vaste étendue de mer qui
le baigne; enfin, dès l'aurore qui commençait à
poindre et semblait se hâter de paraître pour nous
prodiguer sa lumière, après avoir fait le tour d'une
partie de l'ouverture du volcan, afin de choisir l'endroit le plus commode à la descente, l'adjudant-
commandant Dampierre et M. Wicar descendirent
d'abord, sans accident, par l'endroit déterminé.
Arrivés au tiers du chemin, une excavation de cinquante pieds qu'il aurait fallu franchir les arrêta
tout-à-coup. Ayant reconnu qu'il était impossible de
fixer aucun point d'appui solide sur une cendre aussi
mobile, convaincus encore que le frottement des
cordes aurait bientôt entraîné et le point d'appui et
les masses environnantes à une grande distance, ils
résolurent de rétrograder. De plus, au moment où
ils s'occupaient des moyens de descendre, quelques
pierres roulant du sommet ébranlèrent tout sur leur
passage. L'adjudant-général Dampierre sentit le terrain sur lequel il était placé s'ébranler et disparaître

à ses yeux aussitôt qu'il le quittait, et n'eut que le temps de remonter avec précipitation, et de crier à M. Wicar de le suivre. En effet, ils eurent à peine quitté cet emplacement que, pendant une demi-heure, tout le terrain sur lequel ils avaient passé, et tous les monticules environnants, s'éboulèrent successivement et se précipitèrent avec fracas au fond du cratère.

» Avant de renoncer à l'entreprise et de revenir tristement à Naples sans l'avoir exécutée, nous parcourûmes encore les contours de la bouche du Vésuve, et nous découvrîmes une longue pente assez unie, quoique très rapide, qui conduisait au foyer ; sans examiner les ressauts qu'il fallait franchir pour y arriver, M. Debeer, accompagné d'un lazzarone, partit le premier pour tenter ce passage. Entraîné au tiers du chemin au milieu d'un torrent de cendre que l'impression de ses pieds faisait ébouler autour de lui, il trouva le moyen de se fixer-sur le bord d'un ressaut de douze pieds de hauteur qu'il fallait franchir pour arriver à la pente inférieure. Epouvanté, notre lazzarone refusa d'abord formellement de continuer; mais un double ducat lui étant promis, la cupidité l'emporta : il se précipita avec M. Debeer au bas du premier ressaut ; il s'en présenta de suite un second, mais qui, étant moins haut que le premier, fut franchi plus facilement. Enfin, au milieu d'un éboulis continuel de laves, de cendres et de pierres, ils arrivèrent au pied du cratère et nous tendirent les bras en poussant des cris de joie, que nous couvrîmes de bravos de satisfaction et d'enthousiasme.

L'ingénieur Houdouart suivit immédiatement **M.** Debeer ; après avoir rencontré les mêmes obstacles et franchi les ressauts dangereux, il le rejoignit sur le cratère. Là, convaincus tous les deux de la difficulté presque insurmontable de remonter, ils se jetèrent spontanément dans les bras l'un de l'autre, comme deux amis réduits à terminer leur vie ensemble dans une île déserte dont ils n'auraient aucune espérance de sortir ; ils s'empressèrent de parcourir ensemble, et d'un pied circonspect, cette immense fournaise, qui fume encore dans beaucoup de parties.

L'intrépide Wicar, qui désirait vivement partager leur sort, leur criait de lui envoyer quelqu'un pour l'aider à franchir les deux cataractes ; impatient de ne voir arriver personne, il se précipite seul, franchit les deux hauteurs, et arrive en roulant dans un torrent de cendres, de pierres et de matières volcaniques. L'adjudant Dampierre, MM. Bagnéris, Fressinet, Andras et Moulin le suivent bientôt, et arrivent au cratère, après avoir couru les mêmes dangers. Wicar s'assied sur-le-champ sur un monceau de scories, et, avec cette supériorité de talent qu'on lui connaît, profile avec une parfaite ressemblance les portraits des huit Français qui venaient de descendre. Chacun ensuite fit sa petite provision des différentes matières volcaniques qui lui parurent curieuses ou nouvelles, et l'on s'occupa de faire le peu d'observations qu'il était possible. S'il eût été permis de compter sur le succès ; si, comme on a pu s'en apercevoir, nous n'eussions pas été retenus dans nos préparatifs par nos timides guides ; enfin, si certains d'entre nous, arrivés tout récemment à Naples, n'eussent manqué de temps, notre descente aurait certainement été beaucoup plus utile, et les résultats plus satisfaisants.

Quoiqu'il en soit, et dans notre pénurie de moyens, voici ce qu'il nous a été possible d'examiner : — Le thermomètre de Réaumur, seul instrument que nous possédassions, marquait douze degrés au sommet du Vésuve : l'air était froid et un peu humide ; dans le cratère, le mercure s'éleva à seize degrés, et nous y éprouvâmes la plus douce température. La surface de ce lieu, qui, d'en haut, paraissait à l'œil nu entièrement uni, n'offrit plus, quand nous y fûmes parvenus, qu'une vaste étendue d'aspérités. Il nous fallut constamment marcher sur des laves très poreuses, assez généralement dures, mais qui pourtant, en quelques endroits, et surtout aux lieux de notre entrée, étaient encore mollasses et pliaient sous nos pieds. Le spectacle qui nous avait le plus frappés, c'étaient les fumerolles qui, soit au fond du cratère, soit des parois intérieures de la montagne, laissaient échapper des vapeurs. Ces fumerolles étaient assez nombreuses, et les matières qu'elles exhalaient promptes à s'élever. Arrivés au cratère, nous voulûmes nous assurer si ces vapeurs étaient malfaisantes ; nous les aspirâmes à plusieurs reprises, et nous n'en fûmes nullement incommodés. Le thermomètre, placé à l'une des fumerolles, marqua cinquante-quatre degrés ; à une autre, il n'alla qu'à vingt-deux. Dans toutes ces expériences, notre instrument fut recouvert d'une matière humide que l'air libre, et sans aucune trace d'altération, parvint bientôt à dissiper.

En parcourant la surface du cratère, nous aperçûmes un foyer à demi recouvert par une grande masse de pierres ponces, et qui, dans toute sa circonférence, répandait une vive chaleur. Le thermomètre placé d'abord à l'entrée, et porté ensuite en avant, autant que le terrain et la chaleur du lieu le permettaient, ne put jamais s'élever jusqu'à vingt-deux degrés. Cette particularité nous surprit, sans pouvoir l'expliquer.

Les produits volcaniques que nous avons observés dans tout le cratère sont des laves extrèmement poreuses, et que le feu à certains endroits a réduites à l'état de scories. Leur couleur est d'un brun foncé, quelquefois rougeâtre ; rarement on en trouve de blanches. Les matières les plus proches des fumerolles sont toutes recouvertes ou pénétrées par le soufre. Ce minéral s'y trouve assez souvent dans un état d'oxygénation. Sa couleur est quelquefois jaunâtre, et l'impression vive et piquante qu'il laisse sur la langue décèle bien son état. Le foyer ardent dont nous avons parlé produit aussi les mêmes résultats. On trouve aussi des laves basaltiques, mais en petit nombre, et une seule d'un poids considérable et d'un beau poli a fixé notre attention. A la partie nord du cratère se trouvent deux grandes crevasses, dont l'une a vingt pieds de profondeur et l'autre quinze ou à peu près. Leur forme est celle d'un cône renversé. La matière qui les revêt est en tout semblable au reste de la surface. Nulle fumée ne s'en échappe, nulle chaleur ne s'y fait sentir. Cependant quelques produits sulfureux annoncent que ces lieux ont, depuis peu de temps, cessé de brûler.

Ce peu d'observations terminé, il fallut s'occuper des moyens de retourner. Le travail le plus pénible et le plus long n'est pas de descendre, mais bien de remonter. En effet, il est beaucoup plus difficile d'escalader des hauteurs que de les franchir avec des points d'appui aussi mobiles, aussi dangereux ; on ne peut en outre monter que les uns après les autres, et à de longs intervalles, dans la crainte d'enterrer ceux qui suivent ; car le pied, une fois posé, déplace successivement et avec rapidité la cendre qui l'environne à trente pieds au-dessous ; en sorte que celui qui marche fait un pas sur six, au milieu d'un torrent de cendres et de pierres qui l'entraîne malgré lui dans son cours, par une pente escarpée, ainsi que tous les monticules qui l'environnent et l'enveloppent quelquefois, s'il n'a pas la force de résister au torrent.

Arrivés aux deux ressauts, il nous fallait grimper sur les épaules d'un homme placé au-dessous, saisir un long bâton dans les mains de celui qui était au-dessus, et ne s'appuyer partout que très superficiellement ; enfin, à force de précautions et de prudence, nous avons atteint le sommet du Vésuve sans accident grave ; seulement nous étions méconnaissables, couverts de sueur, de cendres, de fumée, et épuisés de fatigue. Nos six compagnons qui n'étaient point descendus nous revirent avec transport et nous prodiguèrent les rafraichissements dont nous avions grand besoin.

Une grande difficulté surmontée fait regarder comme nulles celles qui sont moindres. En moins de vingt-cinq minutes nous avons descendu le Vésuve ; nous y avons constaté cette observation, d'après l'examen de plusieurs pierres : c'est que le Vésuve est le seul volcan connu qui jette de son sein au-dehors des substances primordiales sans qu'elles aient été altérées par le feu, telles qu'on les trouve aujourd'hui dans les bancs ou filons.

Nous arrivâmes à huit heures et demie du matin au milieu des habitants de Portici, fort surpris de nous voir tous de retour sans le moindre accident. Nous arrivâmes à Naples sains et saufs comme nous en étions partis. »

CÉLESTE.

Ce sont par conséquent les seules personnes qui aient jamais descendu dans le cratère de ce volcan ?

M. VALMONT.

Ce sont du moins les seules qui l'ont tenté avec succès. Depuis l'éruption de 1779, qui a changé totalement les formes du Vésuve, aucun voyageur célèbre n'a tenté de pénétrer dans l'intérieur du foyer. Il était réservé à ces huit Français de hasarder cette périlleuse entreprise, et d'y réussir complètement, malgré la timidité de leurs guides, la prétendue impossibilité que les Napolitains y trouvaient, et les exemples cités de téméraires voyageurs qui y sont restés engloutis.

Leur expédition, qui ne pouvait être qu'un essai, a eu cette utilité de démontrer la possibilité d'arriver au cratère, d'en frayer le chemin aux physiciens, aux naturalistes, aux chimistés, qui, en fouillant à loisir ce vaste fourneau de la nature, y trouveront des matières variées sur lesquelles ils pourront, avec succès, appliquer les connaissances qu'ils auront acquises, faire des expériences, et en tirer des résultats utiles sans doute aux arts et aux sciences.

ÉMILE.

Je conçois que l'aspect de ces monts embrasés doit être quelque chose de noble, de majestueux, d'imposant; qu'ils doivent offrir à l'œil étonné un des plus beaux spectacles de la nature : c'est dommage qu'ils portent l'effroi et la désolation parmi les hommes.

M. VALMONT.

Les volcans, qui sont avec raison regardés comme des fléaux terribles et destructeurs, garantissent peut-être de désastres bien plus grands encore ; ils sont un préservatif des tremblements de terre qui feraient éprouver au globe des ravages bien plus épouvantables. Lisbonne eût été en sûreté, si les feux souterrains rassemblés dans ses cantons avaient pu se faire jour et se porter librement au dehors. Si l'Etna et le Vésuve ne vomissaient leur bitume et leur lave dans des périodes réglées, il y a longtemps que la Sicile et le royaume de Naples ne seraient plus.

En France, il y a une montagne qu'on peut regarder comme le Vésuve en petit : elle se trouve dans le département de l'Aveyron, près le village de Cransac ; sa hauteur est d'environ quatre cents pieds. Pendant le jour, le feu n'est pas visible ; mais dans l'obscurité de la nuit, la vapeur qui s'exhale du cratère la fait paraître tout en flammes : on l'appelle dans le pays la *Montagne brûlante*.

En terminant son entretien, M. Valmont annonça à sa petite famille que le lendemain il lui donnerait, dans son jardin, le spectacle d'une petite éruption volcanique, en renfermant dans la terre un mélange de soufre et de limaille de fer, dont la fermentation, excitée par la seule chaleur du soleil, produirait une explosion à l'instar des grands volcans. L'annonce de cette explosion réjouit beaucoup les enfants, et leur fit désirer avec impatience la journée du lendemain.

QUATRIÈME ENTRETIEN.

GROTTES.

Le petit volcan préparé par M. Valmont avait, à l'heure de midi, produit son éruption, à la grande satisfaction de tous les spectateurs; car Emile et Céleste avaient invité plusieurs camarades à venir être témoins de cette expérience (1). Cela avait fait

(1) Faites un mélange de parties égales de limaille de fer et de soufre pulvérisé, réduisez-le en pâte avec de l'eau, et enfouissez une quantité de cette pâte, comme une cinquantaine de livres, à un pied environ sous terre : si le temps est chaud, vous verrez, après une dizaine d'heures environ, la terre se boursouffler, se crever, et sortir des flammes qui agrandiront les ouvertures, et répandront à l'entour une poudre jaune et noirâtre.

perdre un peu de temps pour l'étude ; mais on le regagna dans le cours de la journée, et les leçons n'en souffrirent point.

Depuis que M. Valmont avait désigné comme une récompense la petite lecture du soir, ses enfants, naturellement studieux, s'appliquaient encore davantage à bien remplir leur devoir. Le bon père ayant été satisfait, apporta sur la table le petit manuscrit. Des dessins curieux représentant différentes grottes naturelles fixèrent l'attention des enfants. Oh ! papa, s'écrièrent-ils, cela doit être bien intéressant ? — Oui, mes enfants ; ces productions merveilleuses ne sont pas ce qu'il y a de moins admirable parmi les œuvres de Dieu. Nous allons examiner ce qu'il y a de plus remarquable en ce genre dans diverses contrées. Commençons par la *Grotte de Fingal,* dans l'île de Staffa, en Ecosse ; nous en avons la gravure sous les yeux : vous voyez qu'elle représente une espèce de temple d'un aspect majestueux. L'île de Staffa est fort petite (elle n'a qu'un tiers de lieue dans sa longueur, et dans sa largeur seulement un sixième) ; mais la nature l'a rendue digne de la curiosité des hommes ; c'est un grand rocher volcanique. Toute l'extrémité sud-ouest de l'île est assise sur des rangées de colonnes naturelles dont la plupart ont plus de cinquante pieds de hauteur ; elles sont disposées en colonnades qui suivent les sinuosités des baies et des caps. Ces colonnades reposent sur une roche dure et informe ; le sommet du couronnement est recouvert d'un peu de terre végétale, où il pousse seulement du gazon. Venons à la grotte.

Ce superbe monument d'un grand incendie souterrain qui se perd dans l'antiquité des temps, a un
caractère d'ordre et de régularité si étonnant qu'il
est difficile à l'observateur le plus froid et le plus in-
sensible aux phénomènes qui tiennent aux révolutions
du globe de n'être pas singulièrement étonné à l'aspect de ce palais naturel qui semble tenir du prodige. L'esprit se ferait difficilement l'idée d'un coup
d'œil plus imposant que celui d'une arcade immense
en profondeur, soutenue de chaque côté par des
rangs de colonnes dont les voûtes sont formées de
tronçons de colonnes semblables, et entre les angles
desquels s'est incrusté une sorte de mastic jaune
qui sert à faire remarquer ces angles, en même
temps qu'il en varie les teintes de la manière la plus
agréable. Cette grotte est éclairée du dehors, et de
l'entrée on en distingue parfaitement le fond. L'air
intérieur, continuellement agité et renouvelé par le
flux et le reflux de la mer, est parfaitement salubre,
et purgé de ces vapeurs qui s'amassent ordinairement
dans les cavernes naturelles.

L'entrée de ce beau monument a trente-cinq pieds
d'ouverture, sa hauteur cinquante-six, et sa profon-
fondeur cent quarante. Les colonnes verticales qui
composent la façade sont de la plus parfaite régularité ; elles ont quarante-cinq pieds d'élévation jusqu'à
la voûte. Le cintre est composé de deux demi-cour-
bes inégales, et qui forment une espèce de fronton
naturel. Le massif qui couronne le toit, ou plutôt
qui le forme, a vingt pieds dans sa moindre épaisseur :
c'est un composé de prismes d'un petit calibre, plus

ou moins réguliers , affectant toutes sortes de directions , étroitement unis et cimentés en dessous et dans les joints par de la matière calcaire d'un blanc jaunâtre et par des infiltrations zéolithiques qui donnent à ce beau plafond l'aspect d'une mosaïque.

La mer pénètre jusqu'à l'extrémité de la grotte ; et , sans cesse agitée , ses vagues se brisent et se divisent en écume , en frappant avec fracas contre le fond et les parois de la caverne. Le jour pénètre, en dégradant , dans toute sa profondeur, avec des accidents de lumière d'un effet merveilleux. Le côté droit de l'entrée présente , à sa partie extérieure, un amphithéâtre assez vaste, formé par divers rangs de gros prismes tronqués, sur lesquels on peut facilement marcher. On peut entrer dans la grotte par le côté droit seulement, en suivant cette plate-forme ; mais la voie se rétrécit , et la route devient bien difficile à mesure qu'on avance : car cette espèce de galerie intérieure , exhaussée de plus de quinze pieds sur le niveau de l'eau, n'est formée que de prismes tronqués, placés verticalement et plus ou moins élevés, entre lesquels il faut avoir l'adresse de choisir des passages qui sont quelquefois si étroits et si glissants, à cause des suintements, qu'il est très prudent de marcher pieds nus. A mesure qu'on avance, l'espèce de balcon hardi sur lequel on a cheminé s'agrandit, et présente un emplacement assez vaste, disposé en plan incliné , formé par des milliers de colonnes verticales tronquées. On arrive ainsi à l'extrémité de la grotte , terminée par un mur de colonnes d'un seul jet et d'une inégale grandeur, qui imitent un buffet d'orgues.

Que sont, auprès de ces monuments naturels, les palais et les temples bâtis de la main des hommes? de petits modèles et des jouets d'enfants; des imitations aussi mesquines que le seront toujours les ouvrages de l'art comparés à ceux de l'ordonnateur suprême de toutes les harmonies, de toutes les beautés. La régularité, seule partie dans laquelle l'art se flattait de surpasser la nature, se trouve ici développée avec avantage.

Les habitants l'appellent *Grotte de Fingal*, parce qu'ils supposent que Fingal, père d'Ossian, y faisait son séjour. Cet amas de colonnes basaltiques a quelque chose de si merveilleux, que ces habitants, imbus des préjugés de leur mythologie, n'hésitent pas de croire que l'origine en est surnaturelle.

ÉMILE.

Comment ont-elles pu se former?

M. VALMONT.

Voici l'explication qu'en donnent les physiciens : il paraît que toutes ces masses ont été anciennement en fusion après l'éruption d'un volcan, et que, subitement refroidies par les eaux de la mer, il s'y est fait des crevasses qui les ont divisées en plusieurs couches, et surtout en une innombrable quantité de colonnes à quatre, cinq ou six pans.

Parlons maintenant de la *Grotte de Castleton*, en Angleterre. Son entrée présente un aspect si hideux qu'on l'a nommée le *Sac du Diable*. Cette grotte est située au pied d'un grand escarpement formé par la nature sur la croupe d'une montagne coupée à pic, au-dessus de laquelle est un vieux château bâti, dit-on, du temps d'Edouard surnommé le *Prince-Noir*. L'entrée principale a vingt pieds anglais de largeur sur quarante de hauteur : pour pénétrer dans cette caverne, il faut un guide. Un voyageur français (Faujas-Saint-Fond) l'a visitée, et en a donné la description.

CÉLESTE.

Ces grottes sont bien curieuses, et, malgré l'effroi que doivent inspirer certains passages, je serais bien contente de les visiter.

M. VALMONT.

Il en existe en France que je vais vous faire connaître, et qui sont aussi très curieuses ; mais, auparavant, visitons la *grotte d'Antiparos* et la *grotte du Chien*. La petite île d'Antiparos est un écueil de seize milles de tour; elle ne tint aucun rang jusqu'au moment où l'on découvrit la belle grotte qu'elle renferme. C'est M. de Nointel, ambassadeur français à la Porte, qui la fit connaître le premier en Europe. Il y descendit en 1673, accompagné d'un grand nombre de personnes, et fit célébrer la messe dans la salle qui termine cet immense souterrain. Voici la description qu'en a donnée Tournefort :

« Une caverne rustique se présente d'abord, large d'environ trente pas, voûtée en arc surbaissé. Ce lieu est partagé en deux par quelques piliers naturels ; entre les deux piliers est un petit terrain en pente douce. On avance ensuite jusqu'au fond de la caverne par une pente plus rude, d'environ vingt pas de longueur : c'est le passage pour aller à la grotte, et ce passage n'est qu'un trou fort obscur, par lequel on ne saurait entrer qu'en se baissant, et où l'on ne voit que par le secours des flambeaux.

» On descend d'abord dans un précipice horrible à l'aide d'un câble que l'on prend la précaution d'attacher tout à l'entrée. Du fond de ce précipice on se coule, pour ainsi dire, dans un autre bien plus effroyable, dont les bords sont fort glissants, et qui répondent sur la gauche à des abîmes profonds. On place sur les bords de ces gouffres une échelle au moyen de laquelle on franchit un rocher tout-à-fait taillé à plomb. On continue à glisser par des endroits un peu moins dangereux ; mais dans le temps qu'on se croit en pays praticable, le pas le plus affreux vous arrête tout court, et on se casserait la tête si l'on n'était averti et retenu par les guides. Les nôtres avaient pris soin d'y apporter une échelle. Pour y parvenir, il fallut se coucher le long d'un grand rocher, et sans le secours d'un câble qu'on y avait attaché, nous serions tombés dans des fondrières horribles. Quand on est arrivé au bas de l'échelle, on se roule encore quelque temps sur des rochers, tantôt couché sur le dos, tantôt sur le ventre.

» Après tant de fatigues, on entre enfin dans cette

admirable grotte. Les gens qui nous conduisaient comptaient cent cinquante brasses de profondeur depuis la caverne jusqu'à l'autel, et autant depuis cet autel jusqu'à l'endroit le plus profond où l'on puisse descendre. Le bas de cette grotte, sur la gauche, est fort scabreux ; à droite, il est assez uni, et c'est par là qu'on passe pour aller à l'autel. Dans ce lieu, la grotte paraît haute d'environ deux cents pieds sur deux cent cinquante de large. La voûte est assez bien taillée, relevée en plusieurs endroits de grosses masses arrondies, les unes hérissées en pointes, les autres bossuées régulièrement, d'où pendent des grappes, des festons et des lances d'une longueur surprenante.

» A droite et à gauche sont des tours cannelées, vides la plupart, comme autant de cabinets pratiqués autour de la grotte. On distingue parmi ces cabinets un gros pavillon formé par des productions qui représentent si bien les pieds, les branches et les têtes des choux-fleurs, qu'il semble que la nature nous ait voulu montrer par là comment elle s'y prend pour la végétation des pierres. Toutes ces figures sont de marbre blanc (Tournefort se trompe, elles sont d'albâtre) transparent et cristallisé. Sur la gauche, un peu au-delà de l'entrée de la grotte, s'élèvent trois ou quatre piliers ou colonnes de marbre (d'albâtre), plantés comme des troncs d'arbre sur la crête d'une petite roche. Le plus haut de ces troncs a six pieds huit pouces sur un pied de diamètre presque cylindrique. Il y a sur le même rocher quelques autres piliers naissants : j'en examinai un qui était cassé ;

il représente véritablement le tronc d'un arbre coupé
en travers.

» Au fond de la grotte, sur la gauche, se présente une pyramide bien plus surprenante, qu'on
appelle l'*autel,* parce que M. de Nointel y fit célébrer
la messe. Cette pièce est tout isolée, haute de vingt-
quatre pieds, semblable en quelque manière à une
tiare relevée de plusieurs chapiteaux cannelés dans
leur longueur et soutenus sur leurs pieds, d'une
blancheur éblouissante, de même que tout le reste
de la grotte. Cette pyramide est peut-être la plus belle
plante de marbre (d'albâtre) qui soit au monde. Les
ornements dont elle est chargée sont tous en choux-
fleurs, c'est-à-dire terminés par de gros bouquets,
mieux finis que si un sculpteur venait de les quitter.
Au bas de l'autel il y a deux demi-colonnes sur lesquelles nous posâmes des flambeaux pour éclairer ce
lieu et le considérer à loisir.

» Pour faire le tour de la pyramide, on passe sous
un massif ou cabinet de congélations, dont le derrière
est fait en voûte de four. La porte en est assez basse;
mais les draperies des côtés sont des tapisseries d'une
grande beauté, et plus blanches que l'albâtre : nous
en cassâmes quelques-unes dont l'intérieur nous
parut comme de l'écorce de citron confite. Du haut
de la voûte qui répond sur la pyramide pendent
des festons d'une longueur extraordinaire, lesquels
forment, pour ainsi dire, l'attique de cet autel.

» M. de Nointel passa les trois fêtes de Noël dans
cette grotte, accompagné de plus de cinq cents personnes. Cent grosses torches de cire et quatre cents

lampes y brûlaient jour et nuit. L'ambassadeur coucha presque vis-à-vis de l'autel, dans un cabinet long de sept à huit pas taillé naturellement dans une de ces grosses tours dont on vient de parler. A côté de cette tour se voit un trou par où l'on entre dans une autre caverne; mais personne n'osa y descendre. »

ÉMILE.

J'admire en effet les voyageurs qui se hasardent les premiers au fond de ces cavernes pour en connaître les localités. Le premier qui fit le trajet de la *première* à la *seconde eau,* dans la grotte de Castleton, fut nécessairement un homme de courage, car il ignorait s'il ne serait pas entraîné dans quelque gouffre, et perdu à jamais.

M. VALMONT.

Dans ces sortes d'occasions, les voyageurs ne sont pas seuls; celui qui va à la découverte se fait attacher par le corps, et ses compagnons de voyage sont attentifs à le retirer au premier signal convenu. Mais, en général, les voyageurs sont des hommes intrépides qui ne craignent pas d'exposer leurs jours pour faire de nouvelles découvertes : ils sont quelquefois victimes de leur amour pour les sciences. Mungo-Park, Cook et Lapeyrouse ont illustré leur nom par leurs voyages et leur fin tragique. Dans leur infortune, ces hommes courageux ont eu du moins l'assurance que la mémoire de leurs généreux efforts ne périrait point.

Vous venez de voir qu'on a dit la messe dans la grotte d'Antiparos ; mais il en est qui servent absolument d'église. Auprès de la ville de Morteau, il y en a une de ce genre ; on n'y a pas mis d'autre façon qu'une muraille pour fermer la grotte, et qui sert de portail, où l'on a pratiqué une porte, deux fenêtres, avec un œil de bœuf ; enfin, un petit clocher qui s'enfonce dans le rocher. On a adapté une espèce de plancher dans l'intérieur de l'église, mais c'est le roc qui sert de voûte ou de plafond.

La *Grotte du Chien*, près de Naples, n'a rien de curieux comme grotte ; c'est une excavation dans le rocher où l'on peut tenir trois personnes. La nature seule du terrain en fait la célébrité ; il repose sur un vaste foyer de soufre qui exhale une vapeur très forte. Un homme peut entrer impunément dans cette grotte, parce que sa tête, élevée au-dessus des émanations méphytiques, respire un air peu vicié ; mais les chiens et autres petits quadrupèdes se trouvant à la hauteur où la vapeur est la plus forte, y sont immédiatement suffoqués. Les gardiens de cette grotte sont pourvus d'une certaine quantité de chiens attachés, qu'ils sont prêts à sacrifier pour les personnes qui veulent en payer l'expérience.

CÉLESTE.

Je suis fâchée que l'on sacrifie un animal aussi bon, aussi caressant que le chien, pour examiner l'effet que produit l'air de ce lieu.

M. VALMONT.

Rassure-toi, mon enfant ; en ne le laissant pas

mourir, l'expérience en est plus curieuse. Le pauvre animal , qui paraît avoir un pressentiment du danger qu'il va courir, cherche à demander grâce par la tristesse de ses regards et par ses caresses. L'impitoyable gardien le pousse dans la grotte ; la vapeur qu'exhale la terre en cet endroit agit bientôt sur ce pauvre chien : il enfle , se raidit , a des convulsions , perd le mouvement, et va expirer... Le gardien le prend alors et l'expose à l'air ; un instant après, il court et mange comme à l'ordinaire.

J'ai vu dans les environs de Grenoble un terrain d'où s'échappe de l'air inflammable imprégné de particules sulfureuses. Les paysans qui vous servent de guides pour arriver dans cet endroit ont soin d'emporter des œufs , et pour augmenter votre surprise , ils font cuire une omelette sur ces flammes légères. Mais venons aux grottes les plus curieuses que l'on trouve en France.

Au village d'*Arcy* , on voit une grande arcade par laquelle on entre dans une grotte qui a environ trois cents toises de longueur sur huit à dix de largeur. Toute la voûte de cette grotte est ornée de congélations ; quelques-unes descendent jusqu'à terre, se joignent plusieurs ensemble , et font des ressemblances d'hommes, d'animaux, de poissons, de fruits, etc. Ce qu'on y remarque encore de plus curieux , ce sont quelques tubes calcaires de cinq à six pieds de haut et de huit à dix pouces de diamètre , creux dans l'intérieur, et rangés les uns auprès des autres comme des tuyaux d'orgues. Quand on frappe ces tuyaux avec un bâton , il en sort des sons différents que répercutent agréablement les échos de ces grottes.

A deux lieues de Ripailles en Chablais, dans des rochers affreux, et au milieu d'une forêt d'épines, se trouvent trois grottes l'une sur l'autre, taillées à pic par les mains de la nature dans un rocher inabordable. On n'y peut monter que par une échelle, et il faut s'élancer ensuite dans ces cavités en se tenant à des branches d'arbres. Cet endroit est appelé par les gens du pays les *Grottes des Fées*. Chacune a dans le fond un bassin. L'eau qui distille des voûtes de la plus haute y a formé la figure d'une poule qui couve. A côté est une concrétion qui ressemble parfaitement à un morceau de lard avec sa couenne, de la longueur de près de trois pieds. Dans le bassin se trouvent des figures de pralines, telles qu'on en fait chez les confiseurs, et à côté la forme d'un rouet à filer avec sa quenouille.

— Voilà un intérieur de grotte très curieux à voir, dirent à la fois Emile et Céleste.

M. VALMONT.

Un autre intérieur non moins curieux à voir est celui de la *Grotte de Policando,* une des îles de l'archipel de la Grèce. Parmi les congélations qu'elle renferme, on en trouve beaucoup d'une espèce de mine de fer, qui ont la forme d'une étoile, et sont brillantes comme des diamants. On voit de grandes masses de corps ronds, pendants à la voûte comme des raisins, et les mêmes grappes s'étendent en espèce de gâteaux plats sur les murs. Quelques-unes sont rouges et obscures, d'autres d'un noir foncé, mais parfaitement luisàntes et éclatantes. Ajoutez que quelques-unes de ces congélations sont dorées naturellement, d'une manière aussi régulière que si elles sortaient des mains du plus habile ouvrier, et vous jugerez de l'élégance de cette grotte. « Une circonstance particulière, dit un voyageur, me donna pendant quelques moments des espérances bien flatteuses. J'avais été frappé de l'élégance d'une grande croûte de congélation noire, adhérente à une portion du rocher un peu plus haute que ma tête; en l'arrachant, je fus aveuglé par un nuage de poussière qui suivit. La première chose qui se présenta à mes yeux, quand je pus les ouvrir, fut cette poussière qui continuait de tomber sur le plancher, où elle avait déjà formé un tas assez considérable : je crus que c'était de la poudre d'or. Je ne fus plus embarrassé pour expliquer ce qui m'avait paru si singulier d'abord, la dorure de la superficie de quelques-unes de ces congélations.

» Je m'imaginais avoir trouvé une mine, et je cherchais déjà les moyens d'en pouvoir tirer parti; mais mon compagnon, qui avait de l'expérience, me tira bientôt de cette vision : il m'assura qu'une pleine charrette de cette poudre brillante ne contenait pas un seul grain d'or. En l'examinant de près, nous n'y trouvâmes autre chose qu'un amas de paillettes cassantes d'un talc jaune, qui se réduisirent en poussière en les roulant sous les doigts. En même temps il me consola de la honte de m'être trompé, en m'assurant qu'on avait amené des Indes occidentales un vaisseau chargé de cette matière, dans la croyance que c'était de l'or. »

ÉMILE.

C'est vraisemblablement cette poussière que nous employons pour mettre sur l'écriture?

M. VALMONT.

Précisément ; vous voyez qu'elle ne coûte rien que les frais de transport. Je vais vous parler maintenant de la *Grotte des Demoiselles*, qui est un des magnifiques ouvrages de la nature. Elle est située dans un bois aux environs de Ganges, département de l'Hérault ; le peuple, qui l'appelle la *Bauma de las Doumaisellas*, en raconte mille merveilles. Un voyageur français (M. Soulavie), se réunit à d'autres curieux, et ils entreprirent de la visiter dans toutes ses parties ; munis d'échelles de cordes, de flambeaux, de vivres, ils partirent le 7 juin 1780 pour cette expédition souterraine, et arrivèrent à la cime du roc escarpé. L'ouverture, en forme d'entonnoir, a environ vingt pieds de diamètre et trente de profondeur ; cette ouverture est ombragée de plantes, d'arbres, de vigne sauvage.

« Une corde tendue et accrochée à un rocher nous permit, dit M. Soulavie, de descendre, en nous y tenant fortement, jusqu'à l'endroit où l'on fit tomber une échelle de bois qui se trouva assez solidement établie. Cette difficulté vaincue, nous nous sommes trouvés à l'entrée de la première salle. Cette entrée va en descendant; elle est couverte de capillaires. A droite est une espèce d'antre qui ne mène pas loin ; en face se voient quatre magnifiques piliers naturels, de trente pieds de haut, qui séparent en deux cette première salle. » Là les voyageurs allumèrent des flambeaux, renonçant à la clarté du jour pour long-temps, et pénétrèrent dans une seconde salle en descendant par un passage fort étroit, où le corps ne pouvait aller que de côté : cette descente est d'environ vingt pieds. Dans cette seconde salle on voit un rideau de congélations d'une hauteur qu'on ne peut mesurer, parsemé de brillants, plissé avec grâce, et touchant la terre de sa pointe, comme s'il avait été drapé par un habile artiste. On aperçoit aussi des cascades pétrifiées, blanches comme l'é-mail ; d'autres jaunâtres, qui semblent tomber en vagues amoncelées ; plusieurs colonnes, les unes tronquées, d'autres en obélisques. La voûte est chargée de festons et de lances, les unes transpa-rentes comme du verre, les autres blanches comme de l'albâtre, etc. L'assemblage de ces objets remplit nos voyageurs d'admiration.

Sur la gauche on trouve une troisième salle assez large, et surtout fort longue. De là on entre sous une petite voûte écrasée où l'on ne peut marcher que courbé ; on appelle cette voûte le *Four,* à cause de sa forme ronde et basse. Elle communique dans un salle assez grande où l'on ne voit autre chose que des rochers renversés, brisés, roulés, suspen-dus, qui annoncent des convulsions violentes dans le sein de la terre. Tout est triste, lugubre dans cette caverne, et l'on en sort promptement, dans la crainte de voir se détacher une de ces énormes pierres qui semblent menacer votre tête.

Ces salles souterraines étaient connues dans le pays. Les voyageurs voulurent pousser plus loin leurs découvertes ; ils arrivèrent à un passage étroit, où l'on ne pouvait avancer qu'en rampant. Ce trou conduit à une petite pièce où peuvent tenir une douzaines de personnes. Derrière trois petits piliers se trouve un réservoir dont l'eau était sale et bourbeuse. Des chauves-souris habitaient ce réduit, où l'on voit des cristallisations en forme de plantes, blanches et brillantes, et qui contrastaient avec le fond noir sur lequel elles étaient appliquées. Cette salle est ouverte par le côté opposé à son entrée. Par cette ouverture on apercevait un espace dont l'œil ne pouvait saisir l'étendue, et, pour pénétrer dans cette profondeur, un rocher taillé à pic, de cinquante pieds, formait le premier escalier à descendre ; une pierre jetée dans ce précipice horrible mettait un temps assez considérable dans sa chute ; on l'entendait sauter et rouler de rocher en rocher, puis on ne l'entendait plus.

Nos voyageurs, d'abord intimidés par l'horreur de cet abîme, puis encouragés par l'espoir d'une découverte, affrontèrent le danger, et tentèrent de s'y laisser couler par une échelle de corde. Leurs tentatives furent longues, pénibles et très périlleuses ; mais, sentant que les moyens leur manquaient, que leurs machines étaient insuffisantes, ils ajournèrent leur expédition.

Le 15 juillet suivant, ils vinrent en plus grand nombre, munis de tous les outils, instruments, vivres, dont le premier voyage leur avait fait connaître la nécessité. Arrivés à l'ouverture où ils étaient restés la première fois, ils se hasardent à descendre dans ce gouffre. Après s'être laissés glisser le long des cordes et le long d'une pièce de bois, après des travaux et des dangers considérables, ils se trouvent enfin dans une vaste salle dont le sol est affermi. A chaque pas, des stalactites de toutes formes, des congélations bizarres ou régulières, blanches comme la neige, dures comme le marbre, les étonnent et les ravissent en admiration. D'abord c'est un autel blanc comme la plus belle porcelaine, haut de trois pieds, d'un ovale parfait, avec des marches régulières ; plus loin, quatre colonnes torses jaunâtres, mais transparentes en plusieurs endroits : leur grosseur est telle que quatre hommes ne peuvent les embrasser ; leur hauteur ne peut s'estimer. Nous avons supposé, disent les voyageurs, qu'elles touchaient à la voûte, mais nous n'avons pu nous en assurer.

Cette salle ronde peut être comparée à une vaste basilique entourée de chapelles plus ou moins élevées : les voyageurs l'ont jugée grande à peu près comme la moitié de Ganges. Le milieu est un dôme dont l'élévation est d'environ cinquante toises. Dans plusieurs autres petites salles qui sont adjacentes, la terre est noire, et l'on y enfonce. Il en est une remarquable qui, ayant un pilier au milieu, ressemble parfaitement à une salle de manége. « Nous étions entourés, dit M. Soulavie, d'une quantité si prodigieuse d'objets, qu'elle nous plongeait dans une admiration muette et stupide. Entre autres, un obélisque aussi haut qu'un clocher, terminé en aiguille, parfaitement rond, de couleur roussâtre, ciselé dans toute son élévation, et dans les proportions les plus exactes ; des masses aussi grosses que des églises, tantôt en forme de cascades, tantôt imitant des nuages, des piliers brisés en toutes directions, des choux-fleurs, des dragées, tout ce que le hasard peut offrir de combinaisons variées.

» Une tête de mort fut le seul objet qui troubla notre ivresse ; nous fûmes très embarrassés de concevoir par où cet être malheureux avait pu pénétrer dans cette grotte, puisque nous n'y étions entrés qu'en faisant jouer la mine... »

CÉLESTE.

Ah ! mon Dieu, ce malheureux aura pénétré par une issue que quelques roches, en se détachant, auront ensuite fermée !

M. VALMONT.

Les voyageurs pensèrent que l'eau, qui inonde ce souterrain tous les hivers, avait apporté avec elle cette tête.

Une des merveilles de cette grotte est une statue colossale, posée sur un piédestal, représentant une femme qui tient deux enfants. « Ce morceau serait digne du plus grand souverain de l'Europe, dit M. Soulavie, si, hors de la place où il est, il conservait

la forme que nous lui avons trouvée très distinctement, et sans nous faire la moindre illusion. Cette
statue de femme se voyait de plusieurs endroits ; ce
n'était point un effet de l'imagination : la ressemblance frappa tous ceux qui nous accompagnaient ;
ce ne fut qu'un même cri, qu'une même admiration. »

Partout dans ce vaste souterrain on voit des fran-
ges, des rideaux, des baldaquins, des enduits
d'émail et de cristal, des dentelles, des rubans si
délicatement travaillés, qu'il faut savoir que jamais
l'homme n'a pénétré dans ces profondeurs pour
croire que ce ne sont pas les ouvrages d'un artiste.
Les voyageurs admirèrent aussi un portique qui leur
parut avoir quarante pieds de haut sur vingt de
large. Derrière on apercevait deux files de stalactites
alignées qui forment une galerie dont ce portique
est l'entrée. Ce fut près de ce lieu, et au plus profond
de la grotte, que les voyageurs placèrent une bou-
teille bien scellée, qui renfermait le procès-verbal
de leur descente, et une boîte de ferblanc qui contenait leurs noms. Près du portique ils attachèrent
aussi une plaque de plomb où les mêmes noms étaient
gravés.

ÉMILE.

Ce portique est une production bien singulière
de la nature !

M. VALMONT.

Il y a un monument de ce genre bien plus extraordinaire : sur une crête de la rive orientale de la Loire on voit un temple dont l'extérieur est si beau, si majestueux , qu'on est tenté de le regarder comme l'ouvrage des hommes, tandis que la nature seule en a fait les frais. Cet édifice présente une façade de cent quatre-vingts pieds de haut sur trente de large , ornée d'un grand nombre de colonnes , avec un fronton magnifique et un péristyle qui s'enfonce à perte de vue dans l'intérieur. On y voit un bateau énorme en pierre où tout est si bien imité qu'on ne peut se familiariser avec l'idée que l'art est étranger à sa formation, comme à la construction du temple. Le tout a été formé lors d'une éruption de la *montagne de Maclaux*, qui se trouve près de là , par un courant de lave qui a descendu vers la Loire. La transformation de cette lave en un édifice aussi régulier est un de ces jeux de la nature que l'on ne peut considérer autrement que comme une merveille.

Je dois aussi vous parler d'une autre production étonnante , de la fameuse *chaussée des Géants,* qui se trouve en Irlande , dans le comté d'Antrim , sur le bord de la mer. Sa longueur est d'environ six cents pieds ; sa plus grande largeur est de deux cent quarante pieds , et cent vingt dans les endroits les plus plus étroits. Sa hauteur est aussi très inégale ; elle est de trente-six pieds au-dessus du rivage dans sa plus grande élévation , et de quinze dans celle qui est la plus basse. Cette merveilleuse chaussée est composée de plusieurs milliers de colonnes de basalte, espèce de cristallisation qui est du plus beau noir.

Ce qui forme un coup d'œil unique , c'est que dans un très grand espace ces colonnes sont d'une égale hauteur, en sorte que leurs sommets forment une surface plane et entièrement unie : ces piliers sont très serrés les uns contre les autres.

CÉLESTE.

Pourquoi lui a-t-on donné le nom de *chaussée des Géants ?*

M. VALMONT.

Parce qu'on a prétendu qu'elle était l'ouvrage d'une race de géants dont Finma-Cool , célèbre héros de l'antique Hibernie , était le chef; mais c'est tout simplement le produit de feux souterrains.

En France , l'ancien volcan de Chenavari , près du bourg de Rochemaure, sur la rive droite du Rhône , à une lieue de Montélimar, offre un coup d'œil aussi singulier. Une colonnade immense sert de soutien et de rempart au plateau de cette montagne. Ainsi l'on voit des milliers de prismes noirs, rangés sur une pente les uns auprès des autres , de diverses hauteurs et épaisseurs , mais ayant pour la plupart quarante pieds d'élévation. Ils occupent un espace de six cents pieds , et sont recouverts de masses ir-régulières de basalte. En différents endroits, les prismes basaltiques, dont les extrémités sont étroi-tement unies, forment, par leur réunion , des pavés en mosaïque. On appelle cette production singulière le *pavé* des Géants de *Chenavari,* sans doute à cause de sa ressemblance de conformation avec la chaussée des *Géants* du comté d'Antrim.

M. Valmont termina ici sa lecture ; il ferma le manuscrit, et annonça à sa petite famille qu'il la mènerait le lendemain à Montmartre, dîner dans l'arbre, comme il le leur avait promis lors du premier entretien.

— ◄❀► —

CINQUIÈME ENTRETIEN.

MONTAGNES, ROCHERS, MINES.

M. Valmont s'acheminait avec sa petite famille vers le village de Montmartre ; les enfants, qui d'abord avaient couru rapidement jusqu'au milieu de la montagne, gravissaient alors avec peine pour atteindre le sommet. « Ce mont est bien élevé, répétait la petite Céleste. — Ma fille, dit en souriant M. Valmont, ces hauteurs, que vous appelez *montagnes*, méritent à peine le nom de *buttes,* si nous les comparons à ces monts dont la cime se perd dans les nues, tels que les *Alpes*, les *Pyrénées*, et surtout ces fameuses montagnes du Pérou qu'on nomme les *Andes* ou *Cordilières.*

ÉMILE.

Ton petit manuscrit doit faire mention de ces beaux monuments de la nature ?

M. VALMONT.

Sans doute : je l'ai apporté, et, tout en nous reposant là-haut, nous jetterons un coup d'œil sur la description de ces sites merveilleux. Je vous ai déjà parlé de l'utilité des montagnes comme réservoirs des eaux ; elles sont encore très utiles pour la génération des métaux et des minéraux. Elles sont fort avantageuses aux hommes, en les mettant à l'abri des bouffées froides et piquantes des vents du nord et de l'orient, en leur envoyant par réflexion les rayons bienfaisants du soleil ; elles servent aussi pour la production d'une grande variété de plantes et d'arbres : les herbes et les racines qui y croissent sont meilleures que celles des plaines, et servent en partie pour la médecine. C'est des montagnes de la Suisse que nous vient cet excellent vulnéraire dont votre mère vous fait prendre une infusion lorsque, en jouant ou en tombant, vous vous donnez quelques coups à la tête, ce qui n'arrive que trop souvent. Faites attention ici à ne pas courir étourdiment, car vous voyez ces ravines où vous pourriez rouler ; quoique cela ne soit rien en comparaison des profonds abîmes que l'on rencontre dans les Alpes, elles sont plus que suffisantes pour briser celui que son imprudence y précipiterait.

Arrivés au sommet, les enfants admirèrent le tableau qui se déployait à leurs regards. De cette éminence, l'œil embrasse l'immense étendue de la capitale ; cette vaste étendue d'édifices offre le tableau le plus imposant, et fait un contraste étonnant avec les campagnes qui l'entourent.

Après s'être assis sur un tertre de gazon ombragé par des tilleuls, les enfants exprimèrent toute la joie que leur procurait cette promenade. La variété du spectacle qu'ils avaient sous les yeux tenait, pour ainsi dire, leur âme en suspens ; ils se trouvaient dans une situation délicieuse.

Mes enfants, leur dit M. Valmont, c'est une impression générale qu'éprouvent tous les hommes, quoiqu'ils ne l'observent pas tous, que sur les montagnes, où l'air est pur et subtil, on se sent plus de facilité dans la respiration, plus de légèreté dans le corps, plus de sérénité dans l'esprit. Les méditations y prennent un caractère de grandeur proportionné aux objets qui nous frappent ; on dirait qu'en s'élevant au-dessus du séjour des hommes, on y laisse tous les sentiments bas et terrestres, et qu'à mesure qu'on approche des régions éthérées, l'âme contracte quelque chose de leur inaltérable pureté : il semble qu'on soit mieux pénétré, sur ces hauteurs majestueuses, de la toute-puissance du Créateur.

C'est ce que j'ai éprouvé sur les *Pyrénées*, en admirant le grand spectacle qu'elles présentent. Ces monts s'étendent depuis l'Océan jusqu'à la Méditerranée, dans un espace de quatre-vingts lieues. Vus de loin, ils offrent l'aspect d'une barrière hérissée qui s'élève en amphithéâtre du côté de la France, la sépare de l'Espagne, et forme, dans sa longueur, un arc de cercle dont les extrémités se courbent et vont mourir dans les deux mers. Quelques parties de ces montagnes sont couvertes de bois et de pâturages ; d'autres parties n'offrent aux regards qu'une aridité affreuse. Quelquefois je me perdais dans l'obscurité d'un bois touffu ; quelquefois, en sortant d'un gouffre, une agréable prairie réjouissait tout-à-coup mes regards. Je trouvais tour à tour un mélange étonnant de la nature sauvage et de la nature cultivée ; tour à tour je passais de la vue riante et animée du printemps à l'aspect des plus tristes frimas. Sur ces monts, la variété, la grandeur, la beauté du spectacle, le plaisir de ne voir autour de soi que des objets nouveaux, d'observer en quelque sorte une autre nature, et de se trouver dans un nouveau monde, tout cela fait aux yeux un mélange inexprimable dont le charme augmente encore par la subtilité de l'air, qui rend les couleurs plus vives, les traits plus marqués, rapproche tous les points de vue ; les distances paraissent moindres que dans les plaines, où l'épaisseur de l'air couvre la terre d'un voile ; l'horizon présente aux yeux plus d'objets qu'il semble n'en pouvoir contenir. Enfin ce spectacle a je ne sais quoi de magique, de surnaturel, qui ravit l'esprit et les sens ; dans l'extase où il vous plonge, on oublie tout, on s'oublie soi-même. La plus haute montagne des Pyrénées a onze mille pieds d'élévation ; on lui a donné le nom de *Mont-Perdu*.

CÉLESTE.

Ce phénomène des diverses températures qui se trouvent dans un même lieu est bien singulier.

M. VALMONT.

Sous ce rapport, le *cap Comorin* est un point unique sur la terre ; il se trouve en Asie , et sépare le Coromandel du Malabar. Ce cap n'a pas plus de trois lieues d'étendue , et cependant ce petit espace réunit , comme dans un seul jardin , les deux saisons contraires : d'un côté , ce sont les pluies, les orages, le règne du trouble et de la dévastation ; de l'autre , c'est l'empire du calme , des chaleurs vivifiantes et de la joie de la belle saison : en peu d'heures le voyageur voit la nature dépouillée , et la nature couronnée de fleurs et chargée de fruits.

ÉMILE.

Qui peut opérer d'un côté à l'autre des monts une diversité de saisons aussi sensible ?

M. VALMONT.

En voici la raison : les montagnes qui séparent la côte de Malabar, à l'ouest de celle de Coromandel , qui est à l'est , arrêtent le cours des vents ; ces vents soufflent sur la côte de Malabar depuis le mois de juin jusqu'à celui d'octobre ; ils y chassent et y amoncèlent une quantité prodigieuse de nuages , que les montagnes arrêtent , et qui , ne pouvant passer plus loin , y forment des orages et des pluies dont nous avons à peine l'idée : la côte alors est tellement tourmentée par les vents qui arrivent et qui refluent, que les vaisseaux n'osent en aborder. Voilà l'hiver au Malabar : dans le même temps , l'été et tous ses agréments se trouvent sur la côte de Coromandel. L'hiver se fait à son tour sentir en ce dernier lieu dès qu'il quitte le Malabar. En général, les pays montagneux offrent assez souvent des phénomènes de ce genre. Dans l'ile de Ceylan , où se trouve le pic d'*Adam ,* tandis que les pluies tombent dans la partie occidentale , un temps très sec règne dans la partie orientale; et lorsque la récolte se fait dans l'une, on la prépare dans l'autre.

Puisque nous sommes en Asie , nous allons visiter le mont *Liban,* où se trouvent les fameux cèdres. Il y a sur ce mont un couvent entièrement taillé dans le roc ; l'église , qui est fort grande, consiste en une grotte naturelle qui s'étend très avant dans les terres, et où l'on trouve un grand nombre de pétrifications. Vous allez juger de la beauté majestueuse de ce lieu, par ce tableau que nous en a donné M. Volney :

« Le Liban , dont le nom doit s'étendre à toute la chaîne du Besraouan et du pays des Druses , présente tout le spectacle des grandes montagnes : on y trouve à chaque pas ces scènes où la nature déploie tantôt de l'agrément ou de la grandeur, tantôt de la bizarrerie, toujours de la variété. Arrive-t-on par la mer et descend-on sur le rivage, la hauteur et la rapidité de ce rempart qui semble fermer la terre, le

gigantesque des masses qui s'élancent dans les nues ,
inspirent l'étonnement et le respect ; si l'observateur curieux se transporte ensuite jusqu'à ces sommets qui bornaient sa vue , l'immensité de l'espace
qu'il découvre devient un autre sujet de son admiration. Mais, pour jouir entièrement de la majesté
de ce spectacle, il faut se placer sur la cime même
du Liban : là, de toutes parts s'étend un horizon
sans bornes; là , par un temps clair, la vue s'égare et
sur le désert qui confine au golfe Persique, et sur la
mer qui baigne l'Europe : l'âme croit embrasser le
monde. Tantôt les regards , errant sur la chaîne suc-
cessive des montagnes , portent l'esprit, en un clin
d'œil , d'Antioche à Jérusalem ; tantôt, se rappro-
chant de tout ce qui les environne, ils sondent la
lointaine profondeur du rivage. Enfin l'attention ,
fixée par des objets distincts , observe avec détail les
rochers, les bois , les torrents , les coteaux, les villages et les villes. On prend un plaisir secret à trouver petits ces objets qu'on a vu si grands ; on aime à
voir à ses pieds ces sommets jadis menaçants, devenus dans leur abaissement semblables aux sillons
d'un champ ou aux gradins d'un amphithéâtre ; on
est flatté d'être devenu le point le plus élevé de tant
de choses, et l'orgueil les fait regarder avec plus de
complaisance. »

Revenons en Europe. Rien n'est plus imposant
que le spectacle des *Alpes.* De quel œil, en effet,
les habitants des plaines, familiarisés avec cette
idée que les nuées sont à une hauteur incommen-
surable, qu'elles touchent presque le ciel , doivent-ils

contempler ces monts audacieux , sur la cime desquels les nuages s'amoncèlent, se pressent , se dé-
chirent comme les vagues de la mer se brisent sur les
rochers?

Quelquefois, merveille plus grande encore, les
nuages, ou rembrunis, ou d'une blancheur éblouissante, ou nuancés par des accidents de lumière, se
confondent par la couleur, par la forme, avec ces
monts ; ils semblent en faire partie : on croirait que
ce sont de nouveaux mamelons placés au niveau des
autres, et lorsque le vent vient à agiter ces vapeurs
épaisses, toute la masse paraît s'ébranler ; les siffle-
ments des ouragans, les éclats de la foudre, semblent
être l'effet du choc de ces énormes colosses. L'esti-
mable et savant de Saussure , qui a passé une partie
de ses jours à gravir les plus hautes hautes et principales montagnes des Alpes , va nous donner une
idée de leur nature.

« Ces grandes chaînes, dit-il , dont les sommets
percent dans les régions élevées de l'atmosphère,
semblent être le laboratoire de la nature et le réservoir dont elle tire les biens et les maux qu'elle répand sur notre terre, les fleuves qui l'arrosent et les
torrents qui la ravagent, les pluies qui la fertilisent
et les orages qui la désolent. Tous les phénomènes
de la physique générale s'y présentent avec une
grandeur et une majesté dont les habitants des
plaines n'ont aucune idée ; l'action des vents et celle
de l'électricité aérienne s'y exercent avec une force
étonnante ; les nuages se forment sous les yeux de
l'observateur, et souvent il voit naître sous ses pieds

les tempêtes qui dévastent les plaines, tandis que les rayons du soleil brillent autour de lui, et qu'au-dessus de sa tête le ciel est pur et serein. De grands spectacles de tout genre varient à chaque instant la scène : ici, un torrent se précipite du haut d'un rocher, forme des nappes et des cascades qui se résolvent en pluie, et présentent au spectateur de doubles et triples arcs-en-ciel qui suivent ses pas et changent de place avec lui; là, des avalanches (1) de neige s'élancent avec une rapidité comparable à celle de la foudre, traversant et sillonnant des forêts, en fauchant les plus grands arbres à fleur de terre, avec un fracas plus terrible que celui du tonnerre; plus loin, de grands espaces hérissés de glaces éternelles donnent l'idée d'une mer subitement congelée dans l'instant même où les aquilons soufflaient sur ses flots; et à côté de ces glaces, au milieu de ces objets effrayants, des réduits délicieux, des prairies riantes, exhalant le parfum de mille fleurs aussi rares que belles et salutaires, présentent la douce image du printemps dans un climat fortuné, et offrent au botaniste les plus riches moissons. »

ÉMILE.

Il y a donc de la neige sur toutes ces hautes montagnes ? Pourquoi n'y fond-elle pas ?

(1) On appelle *avalanche* une masse de neige qui se détache des sommets, entraîne avec elle celle qui est au-dessous, de proche en proche. La vitesse s'accélère par la pente, la force augmente le poids qui s'accroît : le tout forme une masse énorme qui a assez de force et de solidité pour renverser tous les obstacles qu'elle rencontre dans son chemin.

M. VALMONT.

Ces océans de neige condensée sont placés à une distance où le feu central de la terre ne peut plus se développer; et dans ces régions de l'air, les rayons du soleil n'étant plus ou retenus ou réverbérés par les corps environnants, perdent leur force et leur énergie. De Saussure a fait cette remarque sur les plus hautes montagnes où il est parvenu, qu'on se sent pressé d'un sommeil insurmontable; c'est l'effet de la rareté de l'air. Si l'on succombait à cette pressante envie, on serait bientôt engourdi au milieu des neiges et des glaçons, et l'on y périrait; il faut, au contraire, s'agiter autant que possible : ce besoin se perd aussitôt qu'on est redescendu dans une atmosphère plus dense.

Le *Mont-Blanc* se distingue de tous les sommets audacieux des Alpes par les neiges qui en couvrent les flancs. Pour se faire une idée de cette montagne gigantesque, il faut concevoir que la hauteur de la glace et de la neige qui en couvrent le sommet est estimée, à partir du fond du glacier du Montanvert, à plus de douze mille pieds. Cinq glaciers s'étendent dans la vallée de Chamouni ; ils sont séparés par des forêts, des terres labourables et des prairies. Ces glaciers se réunissent au pied du Mont-Blanc, qui, suivant les derniers calculs, est d'environ deux mille quatre cent quarante toises (quatorze mille six cent quarante pieds) au-dessus du niveau de la mer. C'est incontestablement le lieu le plus élevé de toute l'Europe. M. de Saussure ne put parvenir à sa cime;

il ne s'éleva qu'à environ dix-neuf cents toises au-dessus du même niveau, et aucun observateur européen ne s'était avant lui élevé à une pareille hauteur.

Je vais, toujours d'après ce savant voyageur, vous faire le tableau de cette belle vallée de *Chamouni,* du *Montanvert* et du *glacier des Bois.*

« C'est sur les rochers qui bordent étroitement l'entrée de cette vallée que croissent les plantes vraiment alpines que l'on a le plaisir de rencontrer. J'aime, dit de Saussure, à revoir au commencement du printemps, qui m'appelle dans les Alpes, le *rhododendron ferrugineum,* cet arbrisseau charmant dont les rameaux toujours verts sont couronnés de fleurs purpurines qui exhalent une odeur aussi douce que leur couleur est fine; l'auricule des Alpes, qui a gagné dans nos jardins des couleurs plus riches, mais qui n'y a plus la suavité du parfum qu'elle répand sur ces rochers, etc. Ce ne sont pas les plantes seules qui donnent à cette route un caractère alpestre : les rochers primitifs sur lesquels elle passe; l'Arve, serrée dans un passage étroit et profond, son écume que l'on voit blanchir au travers des cimes des sapins qui sont fort au-dessous des pieds des voyageurs; et, de l'autre côté, un rocher noir, taillé presque à pic, teint çà et là de couleurs métalliques, et portant de place en place, comme sur des étagères, de grands sapins dont le vert obscur contraste avec la blancheur des bouleaux : tels sont les objets qui caractérisent l'avenue vraiment alpine de la vallée de Chamouni.

» En sortant de ce défilé étroit et sauvage, on tourne à gauche et l'on entre dans la vallée, dont l'aspect, au contraire, est infiniment doux et riant. Le fond de cette vallée, en forme de berceau, est couvert de prairies, au milieu desquelles passe le chemin, bordé de petites palissades. On découvre successivement les différents glaciers qui descendent dans cette vallée. On ne voit d'abord que celui de Taconay, qui est presque suspendu sur la pente rapide d'une petite ravine dont il occupe le fond; mais bientôt les yeux se fixent sur celui des Buissons, qu'on voit descendre du haut des sommités voisines du Mont-Blanc : ses glaces, d'une blancheur éblouissante, dressées en forme de hautes pyramides, font un effet étonnant au milieu des forêts de sapins qu'elles traversent et qu'elles surpassent. On voit enfin de loin le grand glacier des Bois, qui en descendant se recourbe contre la vallée de Chamouni; on distingue ces murs de glace qui dominent des rocs jaunes taillés à pic.

» Ces glaciers majestueux, séparés par des forêts, couronnés par des rocs de granit d'une hauteur étonnante, qui sont taillés en forme de grands obélisques et entremêlés de neiges et de glaces, présentent un des plus grands et des plus singuliers spectacles qu'il soit possible d'imaginer. L'air pur et frais qu'on respire, la belle culture de la vallée, les jolis hameaux que l'on rencontre à chaque pas, donnent par un beau jour l'idée d'un monde nouveau, d'une espèce de paradis terrestre renfermé par une divinité bienfaisante dans l'enceinte de ces montagnes. La

route, partout belle et facile, permet de se livrer à
la délicieuse rêverie et aux idées douces, variées et
nouvelles qui se présentent en foule à l'esprit.
Quelquefois de grands éclats, semblables à des coups
de tonnerre, et suivis comme eux par de longs rou-
lements, interrompent cette rêverie, causent une
espèce d'effroi quand on ignore leur cause, et montrent, quand on la connaît, combien est grande la
masse des glaçons dont la chute produit un si terrible fracas. La grandeur des objets trompe sur les
distances : en entrant dans la vallée, on croit qu'en
moins d'une demi-heure on arrivera à l'extrémité,
et cependant on met plus de deux heures à aller jusqu'à un prieuré qui n'est pas même à la moitié de la
longueur de la vallée. »

CÉLESTE.

Au milieu de toutes ces glaces, on doit se croire
transporté au Spitzberg. Je lisais dans le *Voyage de
Heemskerke* que la glace qui retenait son vaisseau
à la Nouvelle-Zemble présentait les formes les plus
singulières : ici, on voyait s'élever une tour ; là, elle
paraissait avoir formé des rues bordées de maisons ;
d'un autre côté, on aurait dit que c'était un rempart
flanqué de bastions.

M. VALMONT.

Oui, ces glaciers ont cela de commun avec les
mers du Nord, qu'ils présentent aussi de grands et
beaux accidents, des formes bizarres de pyramides,

de tours , de grandes murailles crénelées, etc. Mais ne nous arrêtons pas , et suivons notre voyageur au Montanvert.

« Ce que les gens de Chamouni appellent ainsi est un pâturage élevé de quatre cent vingt-huit toises au-dessus de la vallée , et de neuf cent cinquante-quatre au-dessus de la mer. Il est immédiatement au-dessus de cette vallée de glace dont la partie inférieure porte le nom de *glacier des Bois*. On y conduit ordinairement les étrangers , parce que c'est un site qui présente un magnifique aspect de cet immense glacier et des montagnes qui le bordent, et parce qu'on peut de là descendre sur la glace et voir sans danger quelques-unes des singularités qu'elle offre. On fait ordinairement la route , en partant du prieuré , à pied, et en trois heures.

» En montant au Montanvert, on a toujours sous ses pieds la vue de la vallée de Chamouni , de l'Arve qui l'arrose dans toute sa longueur, d'une foule de villages et de hameaux entourés d'arbres et de champs bien cultivés. Au moment où l'on arrive au Montanvert, la scène change , et au lieu de cette riante et fertile vallée, on se trouve presque au bord d'un précipice dont le fond est une vallée beaucoup plus large et plus étendue , remplie de neige et de glace, bordée de montagnes colossales qui étonnent par leur hauteur et leurs formes , et qui effraient par leur stérilité et leurs escarpements. Ce glacier descend presque dans la vallée de Chamouni, où on le nomme le *glacier des Bois,* du nom du hameau près duquel il se termine : de son extrémité inférieure sort le torrent de l'Arveiron. La surface du glacier, vue du Montanvert, ressemble à celle d'une mer qui aurait été subitement gelée, non pas dans le moment de la tempête, mais à l'instant où le vent s'est calmé, et où les vagues, quoique très hautes, sont émoussées et arrondies.

» Entre les montagnes qui dominent le glacier des Bois, celle qui fixe le plus les regards de l'observateur est un grand obélisque de granit qui est en face du Montanvert, de l'autre côté du glacier : on le nomme l'*Aiguille du Dru*. Ses côtés semblent polis comme un ouvrage de l'art ; sa hauteur, au-dessus de la vallée de Chamouni, est de quatorze cent vingt-deux toises. Il est absolument inaccessible ; ainsi on est réduit à l'observer avec le télescope (1).

» Lorsque l'on s'est bien reposé sur la jolie pelouse du Montanvert, et que l'on s'est rassasié, si l'on peut jamais l'être, du grand spectacle que présentent ce glacier et les montagnes qui le bordent, on descend par un sentier rapide entre des rhododendrons, des mélèzes, des aroles, jusqu'au bord du glacier. S'il n'est pas trop scabreux et trop entrecoupé de grandes crevasses, il faut s'avancer au moins jusqu'à trois ou quatre cents pas pour se faire une idée de ces grandes vallées de glace. En effet, si l'on se contente de voir celle-ci de loin, du Montanvert par exemple, on n'en distingue point les dé-

(1) Le *Journal du Commerce* du 17 août 1818 rapporte qu'un Polonais, M. Antoine Malczeski, est parvenu au sommet du Mont-Blanc, et a découvert un chemin jusqu'à l'aiguille ou Pic du Midi, où personne n'avait encore pénétré.

tails ; ses inégalités ne semblent être que les ondulations arrondies de la mer après l'orage ; mais quand on est au milieu du glacier, ces ondes paraissent des montagnes, et leurs intervalles semblent être des vallées entre ces montagnes. Il faut d'ailleurs parcourir un peu le glacier pour voir ses beaux accidents, ses larges et profondes crevasses, ses grandes cavernes, ses lacs remplis de la plus belle eau, renfermée dans les murs transparents de couleur d'aiguemarine, ses ruisseaux d'une eau vive et claire qui coulent dans des canaux de glace, et qui viennent se précipiter et former des cascades dans des abimes également de glace.

» Après avoir traversé le glacier, je remontai vers le pied de l'Aiguille du Dru, et me reposai dans des pâturages que l'on nomme la *place de l'Aiguille*. Comme on ne peut y parvenir que par le glacier, toute la communauté qui veut y conduire ses bestiaux se rassemble au commencement de l'été, pour leur frayer une route sur la glace : on y conduit ainsi un certain nombre de génisses, et une ou deux vaches à lait pour la nourriture de leur gardien. Elles restent là jusqu'au commencement de l'automne, où l'on va de nouveau leur frayer un chemin pour le retour ; car celui qu'on avait fait pour les amener est souvent détruit quelques heures après par le mouvement continuel de la glace : le berger luimême ne descend au village qu'une ou deux fois dans la saison, pour chercher sa provision de pain ; et tout le reste du temps il demeure parfaitement seul avec son troupeau dans cette affreuse solitude.

Lorsque j'allai là, en 1760, je rencontrai le berger; c'était alors un vieillard à longue barbe, vêtu de peau de veau, avec le poil en dehors ; il avait l'air aussi sauvage que le lieu même qu'il habitait. Il fut très étonné de voir un étranger, et je crois bien que j'étais le premier dont il eût reçu la visite. J'aurais souhaité qu'il lui restât de cette visite un souvenir agréable ; mais il ne désirait que du tabac ; je n'en avais point, et l'argent que je lui donnai ne parut lui faire aucun plaisir.

» En revenant du Montanvert au prieuré de Chamouni, si l'on ne veut pas faire deux fois le même chemin, et que l'on ne craigne pas une descente rapide, on peut, en suivant d'assez près le glacier, descendre par une pente qu'on nomme la *Felia.* On arrive au bas du glacier, et l'on voit l'Arveiron en sortir par une arche de glace. Mais ce morceau est assez intéressant pour mériter une description.

» L'*Arveiron* est un torrent considérable qui sort de l'extrémité inférieure du glacier des Bois, comme on l'a dit, par une grande arche de glace ; c'est un des objets les plus dignes de fixer la curiosité des voyageurs. Que l'on se figure une profonde caverne dont l'entrée est une voûte de glace de plus de cent pieds d'élévation, sur une largeur proportionnée. Cette caverne est taillée par la main de la nature, au milieu d'un énorme rocher de glace qui, par le jeu de la lumière, paraît ici blanche et opaque comme de la neige, là transparente et verte comme l'aigue-marine. Du fond de cette caverne sort avec impétuosité une rivière blanche d'écume, et qui souvent roule dans ses flots de gros rochers de glace. En élevant les yeux au-dessus de cette voûte, on voit un immense glacier couronné par des pyramides de glace, du milieu desquelles semble sortir l'obélisque du Dru, dont la cime va se perdre dans les nues. Enfin, tout ce tableau est encadré par les belles forêts du Mont-anvert et de l'Aiguille du Bochard ; et ces forêts accompagnent le glacier jusqu'à sa cime, qui se confond avec le ciel.

» On a quelquefois la curiosité d'entrer dans la caverne, et l'on peut en effet s'y enfoncer assez avant, lorsqu'elle est large et que l'Arveiron ne la remplit pas entièrement ; mais c'est toujours une témérité, parce qu'il se détache fréquemment de grands fragments de sa voûte. Lorsque nous allâmes la visiter, en 1778, nous remarquâmes dans l'arche qui formait l'entrée une grande crevasse presque horizontale, coupée à ses extrémités par des fentes verticales ; il était aisé de présumer que toute cette pièce se détacherait bientôt. Effectivement on entendit dans la nuit un bruit semblable à un coup de tonnerre. Cette pièce, qui formait la clef de la voûte, était tombée, et avait entraîné par sa chute celle de toute la partie extérieure de l'arche. Cet amas de glaces suspendit pendant quelques moments le cours de l'Arveiron. Ses eaux s'accumulèrent dans le fond de la caverne, et, rompant ensuite tout-à-coup cette digue, elles entraînèrent avec violence tous ces grands blocs de glace, les brisèrent contre les rochers dont est parsemé le lit du torrent, et en charrièrent des fragments à de grandes distances. Nous vîmes le lendemain, avec une espèce d'effroi, la place où nous nous étions arrêtés la veille couverte de grands quartiers de ces glaces, et nos cœurs n'exhalèrent qu'un même soupir vers Dieu. »

ÉMILE.

Quels dangers l'on court dans ces montagnes !

M. VALMONT.

Lorsque le voyageur commence à les parcourir, l'aspérité des chemins, la rapidité des pentes, la profondeur des précipices, commencent par l'effrayer; bientôt il se rassure, et l'on dirait que, pour le distraire, un pouvoir magique varie à chaque pas les décorations de la scène. Ensuite quel plaisir de voir, du haut de ces monts, les vallées se couvrir de nuées orageuses, et d'entendre sous ses pas rouler ce tonnerre qui gronde ordinairement sur nos têtes ! Il est intéressant de vous donner une idée de ces effets singuliers dans ces hautes régions; nous allons faire une petite excursion, avec un voyageur, au mont *Saint-Bernard*. Vous avez entendu parler de l'hospice établi en ce lieu ?

CÉLESTE.

Oui; et nous avons vu au salon du Muséum un joli tableau représentant un de ces gros chiens que les religieux du couvent dressent à découvrir et à guider les passagers qui sont égarés : il portait sur son dos un petit enfant qu'il avait trouvé sur le bord d'un précipice couvert de neige, où ses parents venaient d'être engloutis. »

M. VALMONT.

Cet hospice est une des institutions les plus utiles que la charité catholique ait inspirées. Comme l'on reconnaît bien là son action incomparable ! En partant de la cité d'Aoste pour se rendre au mont Saint-Bernard, on traverse des vignes exposées au midi, sur la pente d'une montagne brûlée et aride au-dessus d'elles. Les cris aigus et répétés des cigales feraient croire que l'on est dans une contrée beaucoup plus méridionale, et les mûriers, les amandiers, les micocouliers dont on est environné, favorisent cette illusion. On désire alors la fraîcheur des ombrages ; mais, après avoir marché environ quatre heures, on commence à sentir un froid très vif, et une heure après on arrive dans le climat du Spitzberg et du Groënland : on ne soupire plus qu'après le bon feu qu'on espère trouver au couvent.

Le couvent du grand Saint-Bernard est élevé de douze cent quarante-six toises au-dessus du niveau de la mer ; c'est indubitablement l'habitation la plus élevée qu'il y ait, non-seulement en Europe, mais dans tout l'ancien continent. L'hiver y dure huit mois. Sa position est très voisine du terme des neiges éternelles, parce qu'elle est dominée par des sommités qui, étant fort élevées au-dessus de ce terme, demeurent éternellement couvertes de neige, et refroidissent continuellement tout ce qui les environne.

« Lorsque j'arrivai au couvent, dit notre voyageur, le ciel était du plus bel azur foncé, d'une couleur vive, inconnue aux habitants des plaines, qui ne le

voient qu'à travers mille vapeurs. Dans la journée,
la montagne fut enveloppée de nuages épais, mais
tranquilles; il n'y avait point d'agitation dans l'air :
on m'assura qu'il faisait beau au-dessous de ce sommet. A peine voit-on devant soi quand on est enve-
loppé dans ces nuages; ils vous pénètrent d'une fine
rosée; on est bientôt percé et mouillé jusqu'à la peau.
La nuit, il tomba une forte pluie mêlée de neige et
accompagnée d'un grand vent. Au point du jour, ce
vent augmenta; venant de bas en haut, il poussait
et roulait de gros nuages montant par la vallée qui
se trouve sur le chemin du Valais. Ces nuages se
pressaient et s'amassaient successivement, à l'abri
et au-dessous du courant du vent, dans un fond où
est un petit lac; là ils restaient immobiles; leur
épaisseur et leur obscurité augmentaient à mesure
qu'il en arrivait davantage; en peu de temps les ténèbres s'étendirent sur les régions inférieures, je ne
vis plus que le ciel. Un bruit sourd, précurseur de
la tempête, descendit du haut des monts et se pro-
longea dans les vallées; bientôt des nappes d'une
flamme livide se déployèrent sur le fond obscur des
nuages, et transformèrent cette voûte d'air en une
voûte de feu. Ce spectacle était magnifique; mais la
rigueur du froid et du vent m'obligea de rentrer au
couvent pour me chauffer. L'obscurité devint générale; le tonnerre, qui grondait sourdement, augmenta
peu à peu et devint violent : on l'entendait au-dessus et au-dessous de soi. La pluie, la neige, la grêle
se succédaient, tombaient souvent ensemble, se mê-
laient aux éclairs, et donnaient le spectacle du choc

et du combat terrible entre les éléments les plus opposés. Nous étions alors au mois de juillet. Après cet orage, le ciel se découvrit ; je vis le soleil chasser et dissiper les nuages qui s'étaient amoncelés sous mes pieds. Que tout ce qui m'environnait me parut beau ! quelle source intarissable de ravissement ! Après avoir contemplé ces merveilles, dans mon enthousiasme, je me prosternai, muet d'admiration, devant celui qui a créé et qui gouverne la terre. »

ÉMILE.

Je ne me serais jamais fait une idée des beautés de ce genre; je conçois qu'elles doivent imprimer dans l'âme un étonnement mêlé de respect.

CÉLESTE.

J'admire les bons religieux qui passent leur vie dans une température aussi rude, pour donner des secours aux voyageurs.

M. VALMONT.

Oui, dans une solitude aussi affreuse, leur âme ne peut goûter d'autre plaisir que celui de soulager les malheureux, de sauver des corps sans doute, mais aussi, et surtout, des âmes. Leur zèle est d'autant plus méritoire qu'il les expose souvent à de grandes peines, à de très grands dangers; outre que ces bons pères acquièrent une vieillesse anticipée, et pour la plupart meurent dans l'âge qui est pour nous autres celui de la moitié de la carrière ordinaire de la vie humaine.

Après avoir parlé des Alpes et des Pyrénées, nous

allons maintenant nous entretenir des fameuses montagnes qu'on nomme les *Andes* ou *Cordilières;* elles forment une chaîne de près de quinze cents lieues, et séparent le Pérou du Chili. Le froid est si excessif à une certaine hauteur, qu'il tue les hommes et les animaux ; il gèle les corps et les durcit tellement qu'ils ne se corrompent point. Zarate, dans son Histoire de la conquête du Pérou, rapporte que don Diègue d'Almagro, allant découvrir le Chili, en 1534, vit périr de froid dans ces montagnes plusieurs de ses soldats. Lorsqu'il y repassa, cinq mois après, au fort de l'été, il trouva leurs corps restés debout, appuyés contre des rochers, et aussi frais que s'il n'y avait eu que quelques moments qu'ils eussent expiré : il y en avait même qui tenaient encore la bride de leurs chevaux sur pied, dont la chair, ajoute l'historien espagnol, servit de nourriture à Almagro et à ceux qui l'accompagnaient.

CÉLESTE.

Ces hommes furent, pour ainsi dire, changés en statues ?

M. VALMONT.

Oui ; le sang se coagule dans les veines de ceux qui périssent dans ces glaciers ; ils gardent leur attitude, leur forme : leur peau conserve toute sa fraîcheur, son coloris ; on croirait qu'ils vivent ; et, par un contraste qui fait frémir, leurs lèvres crispées par le froid semblent sourire. Le célèbre voyageur M. de Humboldt, que je vous ai déjà cité, a visité les Andes au mois de juin 1802. Il raconte qu'étant parvenu à deux mille sept cent soixante-treize toises de hauteur, ce qui fait seize mille six cent trente-huit pieds, il éprouva un tel effet de la densité de l'air que le sang lui sortait des lèvres, des gencives et des yeux : et pourtant ce voyageur n'était pas à l'extrême sommité de ces monts, car le plus élevé, qu'on nomme le *Chimboraço,* a vingt mille neuf cent dix pieds de hauteur.

ÉMILE.

Que la température de la France est douce et belle, en comparaison de ces terribles régions !

M. VALMONT.

Oui ; nous n'avons point dans notre patrie les chaleurs brûlantes des contrées méridionales ; les froids excessifs du nord ne s'y font point sentir ; le sol fournit avec une espèce de prodigalité tout ce qui est nécessaire à ses habitants : sous tous ces rapports, on peut dire, avec raison, que la France est le plus beau pays du monde. Il faut être armé de courage lorsqu'on quitte un climat aussi doux pour s'exposer à tous les dangers des voyages ; car vous avez vu que ce n'est souvent qu'à travers une multitude de périls et de privations que les voyageurs parviennent à connaître les productions merveilleuses que la nature a répandues sur toutes les parties du globe. Bien insensé l'orgueilleux qui n'exposerait ainsi sa vie que pour obtenir un peu de gloire humaine !

Jusqu'à nos jours, le *Chimboraço* était considéré

comme le mont le plus élevé du monde connu; mais le savant voyageur anglais Webb, en parcourant l'Asie, a mesuré dans les montagnes de Kemaon, royaume de Neypal, au nord de l'Inde, dix-neuf pics qui surpassent vingt-cinq mille pieds de hauteur; et le plus élevé, qu'on appelle le mont *Dhawaladgiri*, a, selon ses calculs, quatre mille sept cent cinquante-neuf pieds de plus haut que le *Chimboraço :* la cime orgueilleuse de ce mont géant de l'Inde s'élève donc à une hauteur de vingt-cinq mille six cent soixante-neuf pieds. Comparativement, qu'est-ce que le Mont-Blanc des Alpes, avec ses quatorze mille six cent quarante pieds; et le Mont-Perdu des Pyrénées, qui n'en a que onze mille !

Vous allez de nouveau juger de la peine qu'éprouvent parfois les hommes intrépides qui consacrent leur existence à augmenter la somme de nos connaissances en tout genre, par le récit d'un voyageur français qui se rendait sur le mont *Ararat*, célèbre montagne de l'Arménie, où l'arche de Noé s'est arrêtée. Ce mont parait d'autant plus élevé qu'il est planté seul au milieu d'une des plus grandes plaines que l'on puisse voir. Pour le parcourir, il faut grimper dans des sables mouvants, où le pied enfonce jusqu'à la cheville. On ne voit sur cette montagne ni arbres, ni arbrisseaux. Les neiges couvrent la moitié de la montagne, et sont cachées une grande partie de l'année sous des nuages fort épais. Un seul jour ne suffit pas pour atteindre à ces neiges; il faut donc camper dans le trajet. Tournefort, qui a visité cette montagne pour y chercher des plantes, dit qu'il fut tenté deux ou trois fois d'abandonner son entreprise. « Cependant, ajoute-t-il, le chagrin de n'avoir pas tout vu nous aurait trop tourmentés dans la suite, et nous aurions toujours cru avoir manqué les plus beaux endroits. Il est naturel de se flatter dans ces sortes de recherches, et de croire qu'il ne faut qu'un bon moment pour découvrir quelque chose d'extraordinaire, et qui dédommage de tout le temps perdu. Pour éviter les sables qui nous fatiguaient horriblement, nous tirâmes droit vers de grands rochers entassés les uns sur les autres. On passe au-dessous comme au travers des cavernes, et l'on y est à l'abri des injures du temps, excepté du froid. Nous tombâmes ensuite dans un chemin rempli de grosses pierres; il fallait sauter de l'une sur l'autre, ce que nous trouvâmes très incommode et très fatigant. Les neiges fondues ont formé dans la montagne une ravine épouvantable d'où il se détache à tout moment des parties de roches qui font en roulant un bruit effroyable. La vue de cet abîme vous glace de terreur. Le saint roi David a raison de dire, dans ses cantiques sacrés, que ces sortes de lieux montrent la grandeur du Seigneur. On ne peut s'empêcher de frémir quand on regarde le fond de l'abime, et la tête tourne pour peu qu'on veuille en examiner les horribles précipices. Les cris d'une infinité de corneilles qui volent sans cesse de l'un à l'autre côté ont quelque chose d'effrayant. Tous ces précipices sont taillés à pic, et les extrémités en sont hérissées et noirâtres, comme s'il en sortait quelque fumée : il n'en sort que des torrents de boue.

Après avoir atteint les premières neiges , il fut résolu que nous n'irions pas plus loin : nous étions épuisés de fatigue. Nous aperçûmes une pelouse dont la pente paraissait propre à faciliter notre descente ; nous nous laissâmes glisser sur le dos pendant plus d'une heure. Quand nous rencontrions des cailloux qui meurtrissaient nos épaules, nous glissions sur le ventre , ou nous marchions à reculons , à quatre pattes. Parvenus au bas de la montagne , nous étions si meurtris et si fatigués , que nous ne pouvions remuer ni bras ni jambes. »

CÉLESTE.

Je serais très curieuse de voir toute cette végétation merveilleuse dont tu nous a parlé ; je visiterais avec plaisir ces superbes cataractes , ces belles grottes , ouvrages magnifiques de la seule nature ; j'aimerais encore à contempler ces volcans terribles , à gravir ces monts prodigieux , malgré l'effroi que doit inspirer leur aspect menaçant ; mais j'avoue qu'il est peut-être plus·agréable de pouvoir admirer toutes ces beautés de la nature bien à son aise et sans la moindre fatigue , en s'identifiant pour ainsi dire avec les voyageurs qui ont parcouru les diverses contrées où elles se trouvent.

M. VALMONT.

Ma fille , tu as raison sous certains rapports , puisque en y croyant ton cœur sait y puiser de nouveaux motifs d'adoration et d'amour envers Dieu. D'ailleurs il serait difficile , pour ne pas dire impossible, à un homme de visiter toutes ces merveilles disséminées sur tant de parties opposées du globe.

Avant de terminer notre entretien, je veux vous faire connaître quelques rochers extraordinaires. L'un, que l'on appelle le *Rocher tremblant*, se trouve sur une montagne située à une lieue de Castres, département du Tarn. Sa circonférence, prise dans la partie moyenne de sa hauteur, est de vingt-six pieds ; sa totalité forme une masse de trois cent soixante pieds cubiques, dont on évalue le poids à plus de six cents quintaux. Un homme peut le mettre en mouvement, et la force d'un enfant suffit alors pour lui conserver ses balancements.

ÉMILE.

Comment un seul homme peut-il faire mouvoir une si lourde masse ?

M. VALMONT.

Cela provient de la forme de ce rocher, qui ressemble assez à celle d'un œuf aplati, et de ce qu'il n'est appuyé que par le petit bout sur un autre rocher qui lui sert de base. Entre diverses sentences et pensées que les voyageurs y ont gravées, on lit :

Ainsi donc le plus élevé tremble aussi !

Nous savons qu'il existe des ponts naturels formés par les sédiments des eaux d'une source ; on en trouve un bien plus considérable, composé d'une seule roche, qui traverse le fleuve du Niger, au royaume de Haoussa, devant le village de Boussa.

Une partie de ce rocher est très élevée, et il n'y a
qu'une grande ouverture en forme de porte, par où
l'eau s'écoule avec rapidité : c'est là que le célèbre et
malheureux Mungo-Park termina sa vie et ses voyages. Le roi de Haoussa, d'après l'instigation du chef
du village d'Yaour, avait envoyé des soldats sur cette
roche pour arrêter le voyageur. Lorsqu'il arriva,
les soldats l'attaquèrent aussitôt en lui jetant des
pierres, des dards, des piques et des flèches. Mungo-
Park se défendit longtemps. Deux de ses esclaves,
placés à la proue de son canot, furent tués. La ré-
sistance devenant inutile, l'illustre voyageur se jeta
dans l'eau pour se sauver; mais le courant était si
fort qu'il ne put le rompre : il fut englouti dans les
eaux.

Dans le département du Jura, aux environs de
Clairvaux, on voit un rocher d'environ huit cents
pieds d'élévation. Ce qui le rend extrêmement curieux, c'est que sa partie supérieure offre des *forti-
fications naturelles* aussi bien figurées que si Vauban
lui-même les avait tracées. On y découvre des
bastions, des flancs, des faces, des courtines et plusieurs rangs de batteries; c'est l'imitation exacte de
nos citadelles.

Vous avez donc vu des *ponts*, des *chaussées*, des
temples, des *forteresses*, formés par la seule nature.
Il me reste à vous parler d'un *méridien naturel* qui
se trouve sur la montagne de Falzaber, au canton de
Glaris, en Suisse. Cette montagne est si élevée que
le village d'Elm, qu'elle couvre, est privé, en hiver,
de la vue du soleil pendant six semaines. Sur le haut

de cette montagne se trouve un rocher percé d'un trou en rond qui forme le méridien. Les 3, 4 et 5 mars, et les 14, 15 et 16 septembre, le soleil passe derrière ce trou ; on en voit le disque en plein ; les rayons s'élancent de toutes parts, et répandent sur la montagne leur éclat éblouissant : ce tableau produit un effet magique et des plus pittoresques.

ÉMILE.

J'en ai la gravure dans les estampes de mon optique ; elle offre en effet un coup d'œil des plus singuliers.

M. VALMONT.

Les habitants du village d'Elm disent que ce trou peut avoir vingt-cinq pieds de diamètre. On le voit commodément de la maison du curé. De cette distance où je l'ai vu, son diamètre paraît de trois pieds. Dans le pays, on appelle ce rocher percé le *Trou Saint-Martin*.

La nature ne se montre pas moins admirable dans la création des minéraux, depuis le fer, ce métal si utile, qui à peine sorti de la terre devient l'instrument de sa fertilité, jusqu'à ces pierres éclatantes qui, sous mille couleurs, étincellent dans les vêtements des souverains, sur la parure des grands, et dont la mode, un luxe capricieux, exagèrent ou diminuent arbitrairement la valeur. Je dois donc vous dire un mot des *mines*. C'est ordinairement dans les plus sombres profondeurs de la terre que la nature compose lentement, et dans un profond silence, ces substances d'or, d'argent, de cuivre, de fer, etc., que l'industrie de l'homme va chercher jusqu'au fond de ces abîmes; mais, par une espèce de merveille, les filons (1) des mines d'or du Potosi, dans le Pérou, paraissent au-dehors, et s'élèvent comme des roches sur la surface de la montagne. De là les richesses prodigieuses et presque incroyables que les Espagnols trouvèrent dans ce vaste empire, lorsqu'ils en firent la conquête. Tout était d'or dans le palais du roi Atabalipa, jusqu'aux moindres ustensiles de cuisine. Il y avait dans les chambres des statues colossales, les unes d'or, les autres d'argent massif, et dans les vestibules des pyramides de lingots épais de la hauteur de quatre toises. Le bassin de la fontaine publique était d'or, et pesait environ vingt-cinq mille marcs. Les toits, les portes, les murailles des temples des idoles et des palais des Incas étaient couverts de grosses lames d'or et d'argent. On parle d'une fameuse chaîne d'or, longue de trois cent cinquante pieds, dont chaque chaînon était de la grosseur du poing, et que deux cents hommes des plus robustes pouvaient à peine soulever.

Du temps de l'empereur Frédéric III, on trouva dans la mine de Schneeberg, qui appartient à la maison de Saxe, un bloc d'argent d'une grosseur extraordinaire (2). Le duc Albert le voulut voir; il

(1) On appelle *filons* les veines de la terre d'où se tire la matière propre à être fondue.

(2) Le baron de Puffendorf estime cette masse d'argent à quatre cents quintaux ; mais on a de la peine à croire une telle élévation bien exacte.

descendit dans la mine, fit mettre le couvert sur ce bloc précieux, et dit à ceux qui mangeaient avec lui : *L'empereur Frédéric est un puissant seigneur, mais vous conviendrez que ma table vaut mieux que la sienne.*

ÉMILE.

Je serais bien curieux de descendre dans ces mines.

M. VALMONT.

Je vais vous communiquer la relation du poète dramatique Regnard, qui a visité la mine de Salsberyt, en Suède. Voici comment il raconte son voyage souterrain : « Cette mine, qui est près de la ville, a trois larges bouches, semblables à l'ouverture d'autant de puits, et dont il est impossible de voir le fond. La moitié d'un tonneau soutenue d'un câble sert d'escalier pour descendre dans cet abîme. La grandeur du péril se conçoit aisément, puisqu'on n'est qu'à moitié dans un tonneau, dans lequel on n'a qu'une jambe, qu'on se voit suspendu au bout d'un câble, et qu'on ne peut s'empêcher de songer que la vie dépend entièrement de la force ou de la faiblesse de ce cordage. Un satellite, noir comme un diable, tenant à la main une torche de poix et de résine, descend avec vous, et entonne tristement une chanson lugubre faite exprès pour cette descente infernale. Quand nous fûmes vers le milieu du précipice nous sentîmes un grand froid, et nous entendîmes des torrents tomber de toutes parts. Après une demi-heure de descente aussi pénible qu'effrayante, nous arrivâmes au fond du premier gouffre. Là nos craintes se dissipèrent en partie, nous ne vîmes plus rien d'affreux : au contraire, tout brillait d'un vif éclat dans ces régions souterraines ; mais nos fatigues et nos craintes n'étaient pas encore finies. Nous descendîmes fort avant sous terre, au moyen d'échelles extrêmement hautes, pour arriver dans un salon qui est dans l'enceinte de cette caverne, soutenu de plusieurs colonnes du précieux métal dont toutes les parois sont revêtues. Quatre galeries spacieuses y viennent aboutir ; et la lueur des feux qui brillent de toutes parts, qui sont réfléchis par l'argent des voûtes et l'eau limpide d'un clair ruisseau qui coule à côté, ne sert pas tant à éclairer les travailleurs qu'à rendre ce séjour plus magnifique que le palais de Plutus, placé par les poètes au centre de la terre, et où ce Dieu des richesses rassemble ses trésors. On voit dans ces galeries des gens de toutes les nations qui recherchent avec les plus grandes peines ce qui fait le bonheur des autres hommes (1). Les uns tirent des chariots, d'autres roulent de grosses pierres, d'autres s'efforcent d'arracher le métal du roc qui le renferme. C'est une ville sous une autre ville : là sont des maisons, des cabarets, des écuries, des chevaux ; et ce qu'il y a de plus admirable, c'est un moulin qui tourne continuellement dans le fond de ce gouffre, et qui sert à élever les eaux hors de la mine. On remonte dans la même machine par où

____

(1) Que cette vérité est plus sensible encore de nos jours !

l'on est venu , pour aller voir les différentes opérations qui servent à épurer l'argent. »

CÉLESTE.

Si les parcelles d'or que roulent les rivières sont un témoignage des richesses renfermées dans le sein des montagnes où filtrent leurs eaux , nous aurions donc en France des mines d'or ?

M. VALMONT.

Il est vrai , on a trouvé des veines dans diverses provinces ; mais la petite quantité d'or pur qu'ont produit les premiers essais a dégoûté les entrepreneurs d'un travail si infructueux : la France est plus riche en mines de fer. Je ne vous parlerai plus maintenant que de la mine de sel de Williska , en Pologne , et des mines de diamants de Golconde. J'ai visité la première dans un voyage que j'ai fait à Cracovie, dont elle n'est éloignée que de deux lieues. Nous nous étions réunis plusieurs Français pour cette partie de plaisir. Quand nous fûmes arrivés à Williska , on nous donna quelques mineurs pour nous servir de guides , et l'on nous fit endosser une grande chemise de toile qui devait garantir nos habits de la poussière qu'on fait voltiger en marchant dans les galeries. L'entrée de la mine se trouve sous un hangar. Cette entrée est un puits n'ayant que huit pieds de diamètre , et dont la profondeur perpendiculaire est de plus de huit cents pieds. L'idée seule de descendre dans cet abîme nous fit frissonner ; mais nous nous étions trop avancés pour reculer. Au-dessus de ce trou est une grande roue que des chevaux font tourner, et qui sert à descendre les curieux et à élever les blocs de sel que l'on détache de la mine. On commence par remuer une quantité de cordes et de sangles qu'on attache les unes au-dessus des autres au gros câble qui part de la roue ; ces sangles ou bretelles sont arrêtées à des nœufs formés de distance en distance par le câble même ; on s'assied sur une de ces sangles, on en passe une autre derrière le dos, et l'on se tient des deux mains au câble, que l'on entoure aussi des jambes, à la manière des couvreurs et des plombiers quand ils sont suspendus le long de quelques édifices : c'est de cette manière assez commode, mais véritablement effrayante, que l'on descend. Nous étions bien vingt personnes ainsi suspendues à la même corde, les unes après les autres, comme les grains d'un chapelet. Je frissonnais à chaque instant, en pensant que si cette corde se fût rompue nous aurions été précipités en un instant au fond de l'abîme ; on me rassura en me disant que ce câble portait quelquefois plus de trente personnes ensemble. Nos conducteurs ayant allumé leurs lampes, et pris des bâtons pour contre-balancer le mouvement de la descente et empêcher de se heurter contre les parois du puits, on commença à nous faire descendre. Des gens restés en haut, entourant la bouche du puits, se mirent à entonner d'une voix triste et lamentable le *De profundis*. J'avoue que pour lors tout mon sang se glaça ; il me semblait qu'on m'enterrait tout vivant. Je voyais bien que ces chants et cet appareil lugubre n'étaient, de la part des mineurs, qu'un jeu pour augmenter l'effroi des étrangers ; mais ma raison ne pouvait maîtriser mes sens. Cependant nous fîmes cette route extraordinaire sans le moindre accident.

Ayant quitté nos bretelles, nous descendîmes par un long chemin, quelquefois assez large pour que plusieurs voitures y pussent passer de front, quelquefois coupé en forme de degrés taillés dans le sel, qui ont la grandeur et la commodité de l'escalier d'un palais. Chacun de nous portait un flambeau, et nos guides nous précédaient, des lampes à la main. La réflexion de ces lumières sur les côtés brillants de la mine produisait un effet des plus agréables ; on eût cru que les murailles étaient incrustées de diamants.

On trouve dans le premier étage (car il y en a sept) un morceau d'architecture exécuté dans la masse même du sel : c'est une chapelle dédiée à saint Antoine ; elle a environ trente pieds de longueur sur vingt-quatre de largeur, et sur une hauteur de dix-huit. Ce morceau est vraiment digne de curiosité : non-seulement les degrés du marchepied de l'autel, mais l'autel et les colonnes torses qui l'ornent et tiennent la voûte sont de sel ; tout ce qui sert d'ornement est de la même matière, comme le crucifix et les statues de la Vierge et de saint Antoine. A gauche, en entrant dans cette chapelle, est aussi la statue de grandeur naturelle de Sigismond : elle est d'un sel transparent. A peu de distance de cette chapelle on en voit une autre plus petite, et dédiée à Notre-Dame ; et à soixante pas de celle-ci, une autre

encore, sous l'invocation de saint Jean-Népomucène.
On dit la messe dans ces chapelles certains jours de
l'année.

Nous descendîmes d'un étage à l'autre, et, parvenus dans le plus profond, c'est-à-dire à près de
mille pieds dans les entrailles de la terre, nous vîmes
avec étonnement comme un peuple tout entier occupé dans ces vastes souterrains. On ne nous laissa
point aller seuls dans ces manoirs ténébreux; on
courait risque de s'égarer en traversant la multitude
de chemins et de galeries qui s'y croisent, et forment
comme un labyrinthe aux yeux de celui qui s'y trouve
pour la première fois. Plusieurs des excavations d'où
le sel a été tiré sont d'une immense étendue; quelques-unes sont soutenues par des poutres, d'autres
par de grands piliers de sel qu'on y a laissés dans ce
dessein; d'autres, quoique très vastes, n'ont aucun
support dans le milieu. J'en remarquai une de cette
dernière sorte qui avait bien quatre-vingts pieds de
haut, et qui était si longue et si large que dans
cette obscurité souterraine elle semblait n'avoir point
de limites. On voit pendre tout le long de ces voûtes
de l'eau de sel pétrifiée comme des glaçons qui pendent aux gouttières; et lorsque cela a pris un corps
assez dur pour être travaillé, on en fait des chape-
lets et d'autres petits ouvrages.

Les mines de Williska sont exploitées ordinairement par douze cents hommes, et quelquefois par
deux mille. On y a compté jusqu'à quatre-vingts
chevaux. Ces animaux y sont nourris, entretenus,
et n'en sortent que lorsqu'ils sont hors d'état de

travailler : l'air de ces souterrains est si rude que ces animaux y deviennent aveugles en peu de temps. Chaque mineur a une hutte; c'est une chambre carrée, pratiquée de chaque côté des galeries dans le sel, fermée avec une porte de bois ordinaire; il y serre ses ustensiles le soir avant de sortir de la mine.

Dans les premiers temps de l'exploitation de cette mine, on condamnait les malfaiteurs à ces travaux. Ils ne sortaient point de ces souterrains; leurs femmes les y suivaient, et les enfants qui naissaient étaient destinés à l'école de la mine; mais depuis longtemps les travailleurs sont des ouvriers libres. Ils remontent et descendent au moyen d'échelles ordinaires, un peu inclinées, et qui communiquent depuis le dehors de la mine jusque dans la plus basse galerie : s'ils étaient obligés de remonter ou de descendre par la grosse corde, deux heures ne suffiraient pas pour un aussi grand nombre d'ouvriers. On ignore depuis quel temps on tire du sel de cette mine; il en est fait mention dans les annales de la Pologne dès l'an 1237, et l'on n'en parle point comme d'une découverte récente.

Une chose qui m'a fort étonné, c'est d'avoir vu dans la carrière la plus profonde une source d'eau douce et fraîche. Elle file à travers une couche d'argile sablonneuse d'environ trois pieds et demi d'épaisseur, forme un petit ruisseau qui coule dans l'une des galeries de ce souterrain, et sert à abreuver les travailleurs et les chevaux.

Nous marchâmes pendant cinq à six heures dans

cette mine. Lorsque nous eûmes satisfait notre curiosité, nous remontâmes d'étage en étage jusqu'au
premier ; là nous reprîmes nos places le long de la
grosse corde, la roue tourna, et nous nous vîmes de
nouveau suspendus dans le long tuyau du puits. Enfin nous vîmes le jour, et ce fut avec une véritable
joie. Plusieurs d'entre nous avouèrent que ces vastes
souterrains étaient très curieux à voir, mais que
c'était bien assez d'y avoir voyagé une fois dans sa
vie.

La plus célèbre des mines de diamants de Golconde
est située à huit ou neuf journées de Visapour. C'est
dans des roches placées au milieu d'un terrain sa-
blonneux que se trouvent ces petites pierres d'un
si grand prix. Ces roches ont plusieurs veines, tantôt
larges d'un demi-doigt, tantôt d'un doigt entier. Les
mineurs sont armés de petits fers crochus par le
bout, qu'ils fourrent dans ces veines pour en tirer le
sable ou la terre, et c'est dans cette terre qu'ils trouvent les diamants. Les pierreries étant ce que la nature produit de plus brillant, elles entrent naturellement dans toutes les parures distinguées ; elles
forment surtout ces beaux diadèmes qui relèvent la
majesté des têtes couronnées. Le plus beau diamant
qui soit sorti de ces mines pèse deux cent soixante-
dix-neuf karats, et vaut environ douze millions : il
appartient au Grand-Mogol. Mais ce qui m'engage
surtout à vous parler de ces mines de diamants, ce
sont les petits enfants qui y font le commerce. « C'est
un spectacle agréable, dit le voyageur Tavernier, de
voir paraître tous les jours, au matin, les enfants

des maîtres mineurs et d'autres gens du pays , depuis l'âge de dix ans jusqu'à l'âge de quinze ou seize , qui viennent s'asseoir sous un gros arbre dans la place du bourg. Chacun d'eux a son poids de diamants dans un petit sac pendu d'un côté de sa ceinture , et de l'autre une bourse attachée qui contient quelquefois jusqu'à cinq ou six cents pagodes d'or (1) : ils attendent qu'on leur vienne vendre quelques diamants , soit du lieu même ou de quelque autre mine. Quand on leur en présente un , on le met entre les mains du plus âgé de ces enfants, qui est comme le chef des autres ; il le considère soigneusement , et le fait passer à son voisin qui l'examine à son tour. Ainsi la pierre circule de main en main dans un grand silence , jusqu'à ce qu'elle revienne au premier. Il en demande alors le prix pour en faire le marché , et s'il l'achète trop cher, c'est pour son compte. Le soir, tous ces enfants font la somme de ce qu'ils ont acheté. Ils regardent leurs pierres , et les classent suivant leur valeur ; ils mettent le prix sur chacune , à peu près comme elles pourraient être vendues aux étrangers ; ensuite ils les portent aux maîtres mineurs , qui ont toujours quantité de parties à assortir ; et tout le profit se partage entre ces jeunes marchands, avec cette seule différence que le chef ou le plus âgé prend un quart pour cent de plus que les autres.

ÉMILE.

Comment des enfants peuvent-ils faire ces évaluations sans se tromper?

(1) Une pagode vaut environ **2** francs **50** cent.

M. VALMONT.

Ils connaissent si bien le prix de toutes ces pierres, ajoute Tavernier, que si l'un d'eux, après en avoir acheté une, veut perdre un demi pour cent, un autre est prêt à lui rendre son argent.

SIXIÈME ENTRETIEN.

—

NOUVELLE ÉRUPTION DU VÉSUVE EN 1834, ET VOYAGE RÉCENT
AU SOMMET DU POPOCATEPETL DANS LE MEXIQUE.

La petite famille de M. Valmont voyait avec chagrin que l'intéressant manuscrit tirait à sa fin. Mes
amis, dit le bon père, ceci n'est qu'un encourage-
ment à savoir, dans tout le cours de votre vie, occuper agréablement vos loisirs par la lecture attrayante
des voyages. Il est inconcevable que tant de gens
passent habituellement des soirées entières à jouer
aux cartes, aux dominos, ou à tout autre jeu aussi
futile, lorsqu'ils savent lire, et qu'ils pourraient
s'instruire tout en se récréant de la manière la plus
complète. C'est une satisfaction pour moi de vous

voir aussi attentifs à notre lecture journalière ; ne perdez jamais le goût d'un passe-temps si profitable à l'esprit.

Avant de nous rendre au but de notre promenade, je veux encore vous faire voyager en idée dans quelques contrées lointaines. Je vais d'abord rappeler votre attention sur le Vésuve. Tandis que nous nous entretenions de ses anciennes et terribles éruptions , une éruption nouvelle et non moins désastreuse venait jeter l'épouvante parmi les habitants de ces contrées. Elle a commencé le 22 août, et a duré six jours entiers. Il y avait quelque temps que les sources d'eau avaient été desséchées à Ottajano , à Palma, à Nola, et dans d'autres endroits voisins ; ce qui annonçait une prochaine commotion. Le 22 août, vers sept heures du soir, le volcan commença à se couvrir d'une fumée tellement noire, tellement épaisse, qu'elle en déroba la vue. A dix heures, une secousse se fit sentir, et le feu parut au haut du cône ; il consistait en éjections de pierres , de scories et de sables enflammés ; l'éruption continua toute la nuit accompagnée de retentissements effroyables. Le lendemain trois fortes secousses firent crever un des flancs du volcan qui livra passage à un torrent de lave enflammée débordant avec fureur dans les campagnes environnantes. Tout fuyait devant ce fleuve d'une couleur rougeâtre approchant de celle du sang, et qui était parsemé de lueurs phosphorescentes brillant le soir d'un vif éclat au milieu des ténèbres.

Le 24, une nouvelle secousse opéra plusieurs grandes crevasses, d'où sortirent, en flots tourbillonnants, d'autres torrents de lave qui se précipitèrent avec impétuosité du côté de Bosco-tre-case et de Bosco-Reale. En même temps, de fortes détonations avaient lieu, et une gerbe de flammes s'élançait jusqu'au firmament, éclairant tout le pays dans un rayon de quinze lieues. Le 25, à deux heures de la nuit, une nouvelle ouverture se forma au pied du cône : il en sortit du feu et des torrents de lave qui avancèrent si rapidement, que le matin des voyageurs venant de Castellamare trouvèrent une grande partie de terrain cultivé couvert de cette matière brûlante. Mais ce n'était que le prélude de ravages plus terribles qui eurent lieu le 27. La lave sortie du nouveau cratère avait une demi-lieue de large et dix à quinze pieds de haut ; elle entraînait des masses de rochers et ensevelissait des villages entiers. Le 28, ces ruisseaux de feu continuaient leurs ravages ; à leur approche les arbres se desséchaient, et en se racornissant, les feuilles faisaient entendre un petit frémissement sonore. On rapporte qu'avant d'être atteints par la lave, on a vu des arbres brûler tout-à-coup dans leurs parties supérieures, et répandre une lumière vive et blanche, comme ces phares élevés qui nous éclairent par le moyen du gaz.

Le fils d'un négociant de Bordeaux, témoin oculaire de cette nouvelle éruption, en a donné les détails suivants dans une lettre adressée à son père.

« Je viens d'assister au spectacle le plus épouvantable. Quelle chose affreuse que de voir des milliers de familles fuir ensemble le sol qui les a vu naître ; des vieillards, des femmes, de jeunes enfants se

traîner dans la cendre pour implorer des secours !
J'ai passé vingt-deux heures au milieu des malheurs
les plus déplorables, des cris les plus déchirants, à
consoler les pauvres victimes qui ne demandaient
pitié que pour des parents infirmes.

» Quinze cents maisons, palais et châteaux, pouvant réunir une population de huit mille personnes,
plus de vingt-cinq mille journaux de terre parfaitement cultivés, viennent d'être brûlés par le feu. Cette
éruption, qui était annoncée par le tarissement des
fontaines, a surpassé tout ce que l'histoire nous
transmet. La première détonation sortie du cratère
a détruit le grand cône situé sur le plateau au haut
de la montagne : cette abondance de matières enflammées a produit, par sa concentration dans la fournaise, des éclairs en quantité qui se frayaient passage
par tous les flancs de la montagne. Une nouvelle
bouche s'est ouverte au haut du grand cône sur de
vieux débris, et elle a inondé la plaine de torrents de
feu.

» J'ai passé la nuit la plus terrible auprès du roi
et des ministres, qui s'étaient rendus sur les lieux
pour consoler les malheureuses victimes de ce dés-
astre ; le village de Saint-Félix, où nous avions établi
notre quartier, était déjà abandonné par les habitants.
La lave y est venue, et dans une demi-heure au
plus, maisons, églises, palais, châteaux, tout a été
dévoré par les flammes. Quatre villages, maisons
éparses, châteaux de plaisance, vignes, bosquets,
jardins, qui offraient un instant avant un coup d'œil

magnifique, ressemblaient, peu d'instants après, à une mer enflammée.

» Le palais du prince d'Attayano, les bâtiments d'exploitation pour sa belle propriété du Mauro, n'existent plus ; cinq cents journaux de terre sont couverts par le feu. La cendre est tombée dans Naples toute la nuit ; si la lave était venue dans cette direction, c'en était fait de cette superbe ville. »

Les quatre villages dont il est question dans cette lettre sont ceux de Mauro, San-Giovani, Capo-Secco et Torcino. Le cours du dernier fleuve de feu ne s'arrêta que le 28 août, après s'être avancé jusqu'à Scafati, petite ville manufacturière ; il était sur le point de rompre les communications entre Castellamare et Nola, ne se trouvant plus qu'à quelques centaines de pas de la grande route. Le 29, le cratère vomit des nuages de cendres qui vinrent tomber en pluie dans la ville de Naples, et semèrent l'effroi parmi les habitants. Le roi s'est rendu sur les lieux où il y avait eu le plus de malheurs à déplorer ; il a de suite fait distribuer 5,000 ducats (environ 22,000 fr.), et il a adouci bien des peines par ses paroles consolatrices.

Emile répéta ce qu'il avait dit lors de l'entretien sur l'Etna, qu'il ne voudrait pas habiter dans le voisinage d'un volcan. — Mon ami, reprit son père, ceux qui viennent ainsi réédifier leurs chaumières sur ces funestes débris prouvent combien est fort dans le cœur humain l'amour du sol natal. De même que c'est l'amour de l'humanité qui fait entreprendre à des savants l'exploration de lieux si dangereux.

Je vais terminer ces entretiens par le récit d'une ascension au sommet du Popocatepetl, qui est aussi un mont volcanique du Pérou. Nous en devons l'intéressante relation à M. le baron Gros, secrétaire de la légation française au Mexique, qui a eu le courage d'entreprendre, dans la même année 1834, cette expédition périlleuse, accompagné dans son hardi projet par M. de Gérolt, consul général de Prusse, et M. Egerton, peintre anglais. Voici un extrait de cette relation :

« La vallée de Mexico, l'un des sites les plus pittoresques du monde, est bornée à l'est-sud-est par une chaine de montagnes d'où s'élèvent deux volcans connus sous les noms indiens d'Iztaciuhatl et de Popocatepetl. Leurs cimes, éternellement couvertes de neige, sont à seize et à dix-huit mille pieds anglais au-dessus du niveau de la mer. Le premier, le plus rapproché de Mexico, présente une crête irrégulièrement déchirée qui s'étend du nord-ouest au sud-est. Le second est un cône parfait. Il ressemble assez à l'Etna, mais sa base ne repose pas comme celle de ce dernier volcan sur un plan horizontal. Le Popocatepetl se trouve sur le bord du grand plateau des Cordilières. D'un côté, vers le nord-ouest, les forêts de sapin qui l'enveloppent entièrement finissent au pied de la vallée, et les derniers arbres se mêlent aux champs de blé, de maïs et d'autres plantes d'Europe qui croissent à cette hauteur ; mais vers le sud-est, les forêts continuent à descendre. Elles changent de nature à chaque pas, et disparaissent bientôt pour faire place aux cannes à sucre, aux cactus, et à toute la riche et singulière végétation des tropiques. Un voyageur qui partirait des sables volcaniques, un peu au-dessus des limites de la végétation, et qui descendrait en ligne droite dans la vallée de Cuautla-Amilpas, aurait en quelques heures parcouru tous les climats, et pu cueillir toutes les plantes qui croissent entre le pôle et l'équateur.

» Il résulte de cette position que les neiges qui se trouvent du côté du sud-est doivent, dans des circonstances données, subir l'influence des couches d'air chaud qui s'élèvent continuellement de la vallée de Cuautla, et c'est ce qui arrive en effet. Ces neiges fondent en partie dans la saison sèche, et tandis que le nord du cône volcanique est constamment couvert de neiges et de glaces qui descendent jusqu'aux premiers sapins, les laves et les porphyres du sud sont mis à nu presque jusqu'à la cime du volcan.

» C'est donc de ce côté que l'on doit chercher un passage lorsque l'on veut tenter d'arriver au sommet de cette montagne, la plus élevée du continent nord de l'Amérique, et c'est ce que j'ai fait cette année, comme l'année dernière, mais avec des résultats bien différents. Ma première tentative avait été malheureuse. Cette année, un concours de circonstances nous a favorisés. Nous étions munis de baromètres, d'une boussole, de quelques thermomètres, d'une bonne lunette d'approche et d'un hygromètre à vapeur d'éther. J'avais fait faire une tente sous laquelle nous pouvions braver l'orage. Nous avions des haches, des scies, des cordes et des bambous ferrés, indispensables dans une expédition de ce genre ; le mien avait quinze pieds de longueur ; je le destinais à rester après nous sur le sommet du volcan , mais je n'en disais rien à mes compagnons de voyage. Nous pouvions échouer dans notre entreprise , et je ne voulais pas vendre la peau de l'ours avant de l'avoir tué.

» Nous nous mîmes en route, et nous arrivâmes à Ozumba à trois heures du soir. Nous envoyâmes chercher les mêmes guides qui nous avaient servi l'année dernière. Ce sont des Indiens du village d'Atlautla , situé au pied même du Popocatepetl. Nous fîmes des provisions pour quatre jours, et le lendemain matin, à sept heures, nous commencions à gravir la montagne avec nos mules et nos chevaux. A une heure, nous avions atteint la Vaqueria , ou Rancho de Zacapepelo, véritable châlet suisse, qui sert d'abri aux gardiens d'un nombreux troupeau de vaches, et dernier point habité sur la montagne. A trois heures, nous étions rendus aux limites de la végétation, où l'on arrive par des sentiers presque frayés , puisque nous n'avons fait usage de nos haches que dans un seul endroit. Pour qui connaît les Alpes, je n'ai rien à dire sur ces forêts admirables de chênes, de sapins et de mélèzes qu'il faut traverser : elles se ressemblent sur les deux hémisphères ; seulement on trouve au pied de celle-ci de nombreuses bandes de *guacamaias ,* gros-perroquet vert à tête rouge, que l'on ne rencontre ni à Chamouni ni à Sallenches. Il y a aussi dans la forêt des lions d'une petite espèce, des jaguars, des loups, des cerfs, des chevreuils et une grande quantité de chats sauvages, mais nous n'avons pas vu un seul de tous ces animaux.

» A mesure que l'on s'élève dans le bois, les sapins deviennent plus rares et plus petits. Près des sables, ils sont en quelque sorte rachitiques, et toutes leurs branches se penchent vers la terre comme si elles allaient chercher plus bas un air moins raréfié. Après ces derniers sapins, dont la plupart sont renversés et à moitié pourris, l'on ne trouve plus que quelques touffes d'une espèce de groseiller à fruit noir ; puis, de distance en distance, des paquets de mousse jaunâtre qui croissent en demi-sphère au milieu des débris de pierre-ponce, de lave et de basalte ; enfin toute végétation cesse entièrement. L'on commence à sentir alors que l'on n'est plus dans la sphère où il est possible de vivre. La respiration est gênée ; une sorte de tristesse qui n'est pas sans charme s'empare de vous ; et, en vérité, je ne saurais trop définir l'impression que l'on éprouve en entrant dans ces déserts.

» Du moment où l'on quitte le bois, l'on n'aperçoit plus, jusqu'au tiers du cône volcanique, qu'une immense étendue de sable violet, tellement fin dans quelques endroits, que le vent en ride la surface avec une régularité parfaite. Des blocs de porphyre rouge, qui se sont détachés de la cime du volcan, sont épars çà et là, et rompent la monotonie de ce spectacle. Le sommet des ondulations que forme le sable est recouvert par une quantité prodigieuse de petites pierres ponces jaunâtres, que le vent paraît y avoir amoncelées. Enfin, quelques crêtes de rochers volcaniques descendent des masses de porphyre et de laves noirâtres qui forment le sommet de la montagne, et sillonnent ces sables pour aller se perdre dans la forêt. La partie la plus élevée du volcan est entièrement couverte de neige, et cette neige a d'autant plus d'éclat que le ciel sur lequel elle se détache est d'un bleu devenu presque noir. Quelques traces de loups et de jaguars se voient sur les sables qui bordent le bois.

» Après avoir admiré pendant quelque temps ce triste et singulier spectacle, nous sommes rentrés dans la forêt, et j'ai fait dresser la tente. Nous avons souffert du froid pendant la nuit.

» Le 29, à trois heures du matin, et par un beau clair de lune, nous étions en route, chaudement vêtus, la figure et les yeux préservés par des lunettes vertes et par une gaze de même couleur qui nous enveloppait la tète; mon drapeau me servait de ceinture. Nous étions sept; chacun de nous portait un petit sac contenant du pain et un flacon d'eau sucrée. Les Indiens étaient chargés de nos instruments et de quelques vivres. Nous marchions l'un derrière l'autre, notre bâton ferré à la main, et nous avions soin de mettre les pieds dans les traces du premier guide, afin de trouver un terrain plus solide. Nous allions très lentement, et force était de nous arrêter de quinze en quinze pas pour pouvoir prendre haleine. Le flacon d'eau sucrée m'était d'un grand secours; car, obligé de respirer la bouche béante, mon gosier se desséchait au point de devenir douloureux, et quelques gouttes d'eau, prises de cinq en cinq minutes, empêchaient que la douleur ne devint insupportable. Nous allions en zig-zag et de côté. La pente est si rapide qu'il eût été difficile et dangereux de la monter en ligne directe.

» A neuf heures, nous avions atteint ce fameux Pico del Fraïle, que nous n'avions pas pu dépasser l'année dernière. Ce pic est un amas de roches trachtiques rougeâtres qui se trouvent sur l'une des crêtes qui descendent du sommet. Sa hauteur perpendiculaire est de quatre-vingts ou cent pieds sur un diamètre de cinquante. Il se termine en pointe, et se voit distinctement de Mexico. Nos guides avaient consenti avec peine à venir jusque-là ; mais rien n'a pu les décider à continuer le voyage. Notre marche jusqu'au Pico avait été longue et pénible, mais peu dangereuse. L'oppression que j'éprouvais était moins forte que je ne l'avais craint, et mon pouls ne battait que cent vingt pulsations par minute. Nous avions bon courage, du temps devant nous, et un ciel aussi pur que possible.

» A midi, nous avions tourné et atteint le sommet d'une masse de rochers qui s'exfolient comme l'ardoise ; mais nos forces commençaient à manquer, et de dix en dix pas nous étions obligés de faire une longue pose pour respirer et permettre à la circulation du sang de se calmer un peu. Quoique au milieu des neiges, nous n'éprouvions la sensation du froid que lorsque nous buvions ou que nous touchions le métal de nos instruments. Il fallait crier très fort pour se faire entendre à vingt pas de distance. Enfin, l'air est si rare à cette hauteur, que j'ai essayé inutilement de siffler, et que M. Egerton avait toutes les peines du monde à tirer quelques sons d'un cornet qu'il avait pris avec lui.

» A deux heures et demie, M. de Gérolt était sur le point le plus élevé du volcan. Il sautait de joie, et me faisait signe qu'il y avait un gouffre à ses pieds. A deux heures 37 minutes, j'avais atteint le sommet, et je me trouvais sur le bord le plus élevé du cratère. Là toutes fatigues avaient disparu, la respiration n'était plus gênée ; le spectacle que j'avais sous les yeux m'absorbait entièrement, et me redonnait une nouvelle vie ; j'étais dans un état d'exaltation difficile à concevoir, et je sautais à mon tour pour encourager M. Egerton qui avait encore quelques mauvais passages à franchir.

» Le cratère est un gouffre immense presque circulaire, ayant une forte rentrée du côté du nord et quelques sinuosités au sud. Il peut avoir *une lieue* de circonférence et neuf cents ou mille pieds de profondeur perpendiculaire. Les murs du gouffre sont à pic. Ils présentent distinctement trois larges couches horizontales, coupées perpendiculairement, et presque à distances égales, par des lignes noires et grisâtres. Le fond est un entonnoir formé par les éboulements successifs qui ont encore lieu chaque jour. Le bord intérieur, depuis sa surface jusqu'à quinze ou vingt pieds plus bas, est un amas de couches noires, rouges et blanchâtres, très minces, sur lesquelles reposent des blocs de roches volcaniques destinées à tomber dans le cratère. Ses parois sont jaunâtres, et présentent au premier coup d'œil l'aspect d'une carrière à plâtre. Le fond et le plan incliné de l'entonnoir sont couverts d'une immense quantité de blocs de soufre parfaitement pur. Du milieu de cet abime s'élancent, en tourbillonnant avec force, des masses de vapeurs blanches qui se dissipent en atteignant la moitié de la hauteur intérieure du cratère. Quelques ouvertures qui se trouvent sur la pente de l'entonnoir en projettent aussi. Enfin sept fissures principales, placées entre les couches qui forment le bord même du cratère, en dégagent quelques jets qui ne s'élèvent qu'à une hauteur de quinze ou vingt pieds.

» Les ouvertures du fond sont rondes et entourées d'une large zone de soufre pur. Nul doute que ces vapeurs qui s'échappent avec tant de force n'entraînent avec elles une grande quantité de soufre en sublimation, dont une partie se dépose sur les pierres et sur le bord des soupiraux. Le dégagement du gaz acide sulfureux est si considérable qu'au sommet du volcan nous en étions incommodés. Nous n'avons pas pu nous procurer un morceau de ces substances blanchâtres qui tapissent les parois du volcan. M. de Gérolt, qui voulut en prendre, faillit payer cher son imprudence. Il était descendu sur un petit plan incliné qui se trouve dans l'une des déchirures du cratère ; mais le sable manquant sous ses pieds, il glissait vers l'abîme, lorsqu'il fut assez heureux pour s'arrêter au moyen de son bâton ferré...

» Le bord extérieur du cratère est entièrement dégarni de neige ; mais dans l'intérieur on voit, du côté où le soleil ne donne pas, un assez grand nombre de stalactites de glace qui descendent jusqu'au commencement de la troisième couche. Le sommet le plus élevé du volcan est une petite plate-forme de quinze ou vingt pieds de diamètre, où l'on retrouve le même sable violet si abondant à la base du cône. Ce sable a une chaleur sensible à la main. On comprend facilement tout ce que peut avoir d'imposant un spectacle semblable. Ces masses de lave, de porphyre et de scories rouges et noires, ces tourbillons de vapeurs, ces stalactites, ce soufre, cette neige, tout ce mélange enfin si singulier de glace et de feu, que nous trouvions à dix-huit mille pieds de hauteur dans l'atmosphère, nous avait singulièrement monté l'imagination. M. Egerton prétendait que nous avions découvert les forges du diable. Nous étions harassés ; j'éprouvais un violent mal de tête et une pression assez forte sur les tempes ; mon pouls battait cent quarante-cinq pulsations par minute, et cent huit seulement après avoir pris quelque repos, guère plus oppressé qu'au Pico del Fraïle: Nous étions tous d'une pâleur effrayante, nos lèvres étaient d'un bleu livide, et nos yeux enfoncés dans leur orbite ; aussi, lorsque nous nous reposions sur les rochers, les bras jetés par dessus la tête, ou que nous nous étendions sur le sable, les yeux fermés, la bouche béante et sans nos masques, pour respirer plus aisément, ressemblions-nous à des cadavres. Quoique prévenu à cet égard, je n'en éprouvais pas moins une sensation désagréable, lorsque je considérais de près l'un de mes compagnons de voyage. »

M. le baron Gros termine ainsi sa relation :

» A trois heures et demie, nous avions fait nos expériences, et planté mon drapeau sur le point le plus élevé du volcan ; à quatre heures , nous étions revenus dans le grand ravin du *Pico del Fraïle*, où nos guides nous attendaient. Nous leur fîmes signe de regagner la tente , et nous continuâmes à descendre par une route différente de celle que nous avions prise en montant. A six heures nous étions sous la tente , mais trop fatigués , et surtout trop agités pour bien dormir. Eveillé , je ne parlais que du cratère ; et si je venais à m'endormir, je remontais là-haut , l'oppression recommençait , et je me réveillais en sursaut.

» Le lendemain , 30 avril à sept heures , le camp était levé , et à deux heures après midi nous étions à Ozumba. Nous avions fait dans la forêt une ample moisson de plantes et de fleurs pour le docteur Schide , botaniste allemand très connu en Europe , et je lui ai apporté , je crois , une plante nouvelle qu'il n'a pas encore déterminée. C'est un arbuste semblable à notre laurier rose , mais dont les fleurs sont de jolies grappes de muguet , d'un blanc rosé.

» A Ozumba , je plaçai dans la cour de la maison que nous habitions une bonne lunette d'approche fixe , et dirigée sur le sommet du volcan , et pendant deux jours cette cour a été remplie de curieux qui venaient voir flotter notre drapeau. »

— Notre compatriote M. le baron Gros est-il le premier qui soit monté au sommet de ce volcan ? demanda Emile. — Non , répondit son père ; un grand nombre de tentatives ont été faites , et presque toutes ont échoué par des causes différentes. Arrivés à une certaine hauteur, quelques voyageurs ont été pris de vomissements de sang qui les ont forcés à renoncer à leur entreprise. Cependant, en 1825 et 1830, quelques Anglais sont parvenus jusqu'au cratère. On cite M. William Glenie comme le premier qui ait surmonté tous les obstacles.

CONCLUSION.

Mes enfants, dit en terminant le bon père de famille, à l'aide de mon petit manuscrit, vous connaissez maintenant les principaux monuments où Dieu a déployé toute sa grandeur, toute sa majesté, toute sa magnificence. Comme le nom sacré du Seigneur se lit dans ces innombrables merveilles ! comme l'homme se sent petit et misérable en présence de ces incomparables créations ! Et qu'avons-nous dit ? Rien, rien ! Il existe sur la surface du globe mille autres curiosités naturelles, mille autres beautés pittoresques, que vous apprendrez à connaître en étudiant avec soin la géographie, et en lisant les relations des plus célèbres voyageurs. Je vous le répète, cette lecture est la plus intéressante et la plus instructive à laquelle on puisse consacrer ses moments de loisir. Surtout pénétrez-vous bien de ces paroles d'un écrivain justement estimé : « Accumuler dans sa tête toutes les particularités de la nature, sans en connaître l'auteur; connaître tous les biens qu'il nous fait, sans en être plus religieux, c'est ressembler à ces riches de mauvais goût qui ne savent point faire usage de l'argent ni des meubles qu'ils possèdent : ils entassent vaisselle sur vaisselle, tapisseries sur tapisseries, et font de leur maison un garde-meuble sans être jamais meublée. Bien des personnes regardent l'histoire naturelle comme un moyen propre à leur orner l'esprit, d'autres s'y appliquent pour prendre part aux disputes des savants, quelques-uns pour former un cabinet, la plupart pour se procurer un délassement après des occupations pénibles; le spectacle de la nature nous est donné pour une fin plus noble : il tend à nous rendre meilleurs, en nous inspirant un tendre respect pour l'auteur de tout bien. Dieu, en répandant la beauté sur tous ses ouvrages, a voulu non-seulement attirer nos yeux, mais encore nous toucher par ses bienfaits. L'histoire naturelle est donc l'histoire de ses présents; plus nous y faisons de progrès, plus nous comprenons combien nous avons reçu; mais savoir ce qu'on a reçu, et perdre de vue son bienfaiteur, c'est être savant et ingrat. Nos connaissances ne sont estimables qu'à proportion de la conduite et des sentiments qui y répondent (1). »

_____

(1) Pluche, *Spectacle de la Nature.*

Les enfants se jetèrent avec effusion de cœur dans les bras de leur père, en l'assurant qu'ils ne cesseraient pas un seul instant d'élever, ainsi qu'il le leur recommandait, leurs cœurs et leurs yeux de la créature vers le Créateur, pour le remercier, le glorifier seul à jamais.

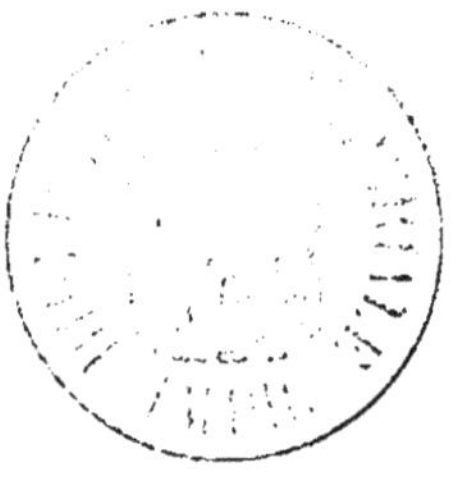

FIN.

TABLE.

Isle. — Imp. Ardant frères.

9 782329 475837